山田邦紀
坂本俊夫

東の太陽、西の新月

日本・トルコ友好秘話「エルトゥールル号」事件

現代書館

はしがき

今から約百二十年前、親善使節を乗せたトルコ軍艦が熊野灘で台風に遭遇して沈没し、六〇〇人近くの死者を出した。国内でこれほど多くの外国人の犠牲者を出した海難事件は後にも先にもこれだけである。この書ではこの海難事件を再現した。

なぜ一世紀以上も昔の事件を今取り上げるのか。

現場となった紀伊大島の村民達は村をあげて乗組員の救出活動に懸命に取り組んだ。怪我をし、裸同然で泳ぎついた生存者達に村民は自らのわずかな衣服を与え、非常時のための食べ物を供し、献身的な看護を続けた。遭難した人間がどこのだれなのか、問題ではなかった。何の打算もなかった。ただ救うために動いた。さらに、異国の海で屍となった者達を手厚く埋葬した。

その後、国も救護に動いた。しかし、救護活動の主役は村民達であった。

トルコの生存者達は帰国し、自分達が村民に受けた救護について語った。このときからトルコの人々の心に日本という国が刻み込まれた。トルコに行った日本人は異口同音に「トルコの人達は日本人に大変好意的である」と言う。それにはこのときの村民の働きが少なからず影響していると言える。名もない庶民の行動がその後の日本・トルコの交流の礎を築いたのである。

国と国とのつながりは何も政治家だけがつくるのではない。政治家は国家の利益を最優先に国交を考える。それは仕方のないことではあるが、そのような形でつくられた国と国とのつながりがいかにもろいものであるかは、歴史が教えてくれている。

そして、何の利益も考えない、無私無欲の行為がいかに国境を超えて人と人とのつながりを強いものにするかを紀伊大島の村民達の行為が教えてくれている。

この出来事は長くトルコの教科書に載せられ、多くのトルコ人はこの事件について知っている。が、はたしてどれだけの日本人が明治の一寒村の村民の美挙を知っているだろうか。ほとんど知られていないと言っていい。

二〇〇六年三月、内閣府中央防災会議がようやくこの事件に関する調査報告書を作った。その後、現地でこの事件に関する新しい資料も見つかった。そして、この資料も含めた、この事件に関するまとまった読み物はまだ世に出ていなかった。また、今年に入り、沈没した軍艦の遺品の引き揚げ作業のための調査が始まり、トルコでも改めて注目されている。

今こそこの事件を再確認するときなのではないだろうか。

ちなみに書名の「東の太陽」は日章旗を、「西の新月」はトルコの国旗で、三日月と星をあしらった新月旗を表している。

二〇〇七年九月

東の太陽、西の新月＊目次

はしがき　1

序　章　トルコ軍艦エルトゥールル号と串本……7
ワールドカップ／串本町

第一章　遭難……13
樫野埼灯台／村民を動員／ノルマントン号事件／沖村長の指揮／遭難船はエルトゥールル号／第一号遺体の検死

第二章　エルトゥールル号来朝……39
日本とトルコの接近／皇室外交／汎イスラーム主義／老朽船／オスマン・ベイ大佐／イスタンブール出港／歓迎／コレラ発生／運命の時

第三章　救護Ⅰ……78
非常時の食糧も提供する／遺体捜索／オスマン・パシャの遺体／ドイツ軍艦ウオルフ号／軍艦八重山、大島に着く／漂着物／潜水作業／田原村の活動／追悼祭

第四章　救護Ⅱ……127
皇室、医師を派遣／和田岬での治療／医師の自殺未遂

第五章　送還……149
軍艦派遣／神戸出発／ポートサイド／生存者引き渡し／イスタンブール到着／帰国へ

第六章　義捐金……171
新聞社の活動／時事新報記者・野田正太郎／山田寅次郎／詐欺事件／慰霊碑／樫野小学校

終　章　救援機……198
イラン・イラク戦争／撃墜予告／直談判／最終便／救出の理由／トルコ大地震

あとがき　218
参考文献　221

序　章　トルコ軍艦エルトゥールル号と串本

ワールドカップ

二〇〇二年六月十八日、火曜日。この日、日韓共催の第十七回サッカーワールドカップ（W杯）決勝トーナメント一回戦の日本対トルコ戦が宮城スタジアム（宮城県宮城郡利府町）で行われた。トルシエジャパンは予選H組でベルギー戦を引き分けて勝ち点1を挙げたのを皮切りに、ロシア、チュニジアをそれぞれ1対0、2対0で退けて決勝トーナメント進出を果たしただけに「この勢いでなんとかベスト8に」というファンの期待は大きく、しのつく雨をものともせず朝から続々とサポーターたちがスタジアムに詰めかけた。ゲーム開始は午後三時三十分で、開場は十二時三十分の予定だったが、あまりにも早いファンの出足を見て、混乱を避けるため急遽三十分繰り上げて正午ジャスト開場に。スタンドは早々と日本チームのサポーターが着ている青のTシャツ、青のレプリカユニフォームで、「ほとんど青一色」（スタジアムの管理運営に当たった「グランディ21」の職員）になった。トルコ側サポーターの数はごくわずかだったが、トルコ人の中には日本を応援する人もいた。また反対に赤白のトルコチームのユニフォームを着てトルコを応援する日本人の姿も散見された。スタジアムに入る際、そんな日本人グループのひとりはテレビカメラに向かってにこやかにこう語ったという。「今日ばかりは、たとえ日本中から袋だたきにされてもトルコを応援します。我々は串本の人間ですから」。

串本というのは和歌山県東牟婁郡串本町のことである。その串本町でもこの日、同じような応援光景が見られた。町の文化センターでは大画面のテレビスクリーンの前に一〇〇人を超す町民達が集まって観戦したのだが、日本を応援する人がいる一方、トルコの旗を振って「がんばれ」と声援を送る人も多かった。日本とトルコの両国国旗をフェースペイントし、「ニッポン、トルコ」と両方を応援する子ども達もいた。周知のように試合は結局トルコが1対0で日本に勝ったのだが、串本町の人達は「日本の分まで頑張って」とトルコチームを祝福したのだった。これを聞いて感激したトルコサッカー協会会長から、大会終了後トルコ代表のユニフォームが串本町に寄贈された。ユニフォームには大きくこんなサインが書いてあった。「To The Memory of The Martyres of The Ertuğrul Frigade」。Frigade は Frigate の間違いだろうが、直訳すると「フリゲート艦エルトゥールル号の殉難者たちを偲んで」となるだろうか。

一方、トルコチームが日本に勝った翌日のトルコ国内最有力紙『ヒュリエット』は、こんな見出しの記事を載せた。「泣くなサムライ。心は皆さんと一つだ」。そしてトルコは日本の分まで戦うと伝えた。その言葉どおり、トルコチームは準々決勝でセネガルを1対0で下し、準決勝でいよいよ優勝候補筆頭のブラジルと対戦、健闘およばず惜しくも1対0で敗れた。しかし三位決定戦では3対2で韓国に勝ってその活躍ぶりは世界を驚かせたものだ。またワールドカップが終わった二〇〇二年七月八日の朝日、読売両紙朝刊に、トルコ共和国観光大臣の名前で「親愛なる日本の皆様へ」という広告が掲載された。「トルコ代表チームに対して日本人の皆様からいただいた友情及び温かいおもてなしに感謝いたします。日本・トルコ両国間の友好関係が一層発展することを願いつつ、日本代表チームをはじめ日本人の皆様が近い将来トルコに訪問して下さることを心よりお待ちしております」というもので、たしかに「観光に来てほしい」という広告には違いないのだが、ほかにこんな広告を出した国はない。きわめて異例のものといっていいだろう。

串本町

トルコと串本、そしてエルトゥールル号。これらの関係を書く前に、串本町についてもう少し説明しておきたい。地図を見ればわかるとおり、串本町は本州最南端に位置している。一八九七（明治三十）年に串本村は町制を施行、一九五五（昭和三十）年に有田、和深、田並、潮岬の四村を合併し、三年後の一九五八（昭和三十三）年にはさらに大島村を編入した。この大島がトルコと串本、さらにはトルコと日本とを結ぶ発端となった歴史的事件の舞台である。

大島はかの有名な串本節にも「ここは串本　向かいは大島　仲を取り持つ巡航船」と唄われている

島。串本港の東一・八キロの海上にある県下最大の島で、面積は九・六六平方キロ。一九九九（平成十一）年九月に「くしもと大橋」が開通するまでは串本港と大島港（串本港に向かい合った大島西岸の港）の間の巡航船やフェリーに頼るしか往来の方法がなかった。その大島港は昔から菱垣廻船の寄港地、さらには捕鯨基地として栄え、また波の荒い熊野灘を航行する船舶の日和待ち（風待ち）、避難港としても利用されてきた。串本節にも「大島水谷かかりし船は　お雪見たさに潮がかり」と唄われ、昔は串本港以上に繁栄した港だ。お雪というのは大島一の美人遊女のことで、初代お雪の墓は同島蓮生寺にある。

しかしこの天然の良港である大島港以外はほとんどが切り立った断崖で、ことに東側から南側にかけては断崖絶壁が続き、あちこちに大きな岩礁が点在している。昔から多くの船が座礁し「船甲羅」と恐れられた岩礁も南側にある。そして大きく突き出た東側の樫野崎の断崖の上に建っているのが樫野埼灯台（注）だ。現在は改良され、無人化されているが、わが国最初の洋式石造

（注）灯台は樫野埼と表記される。

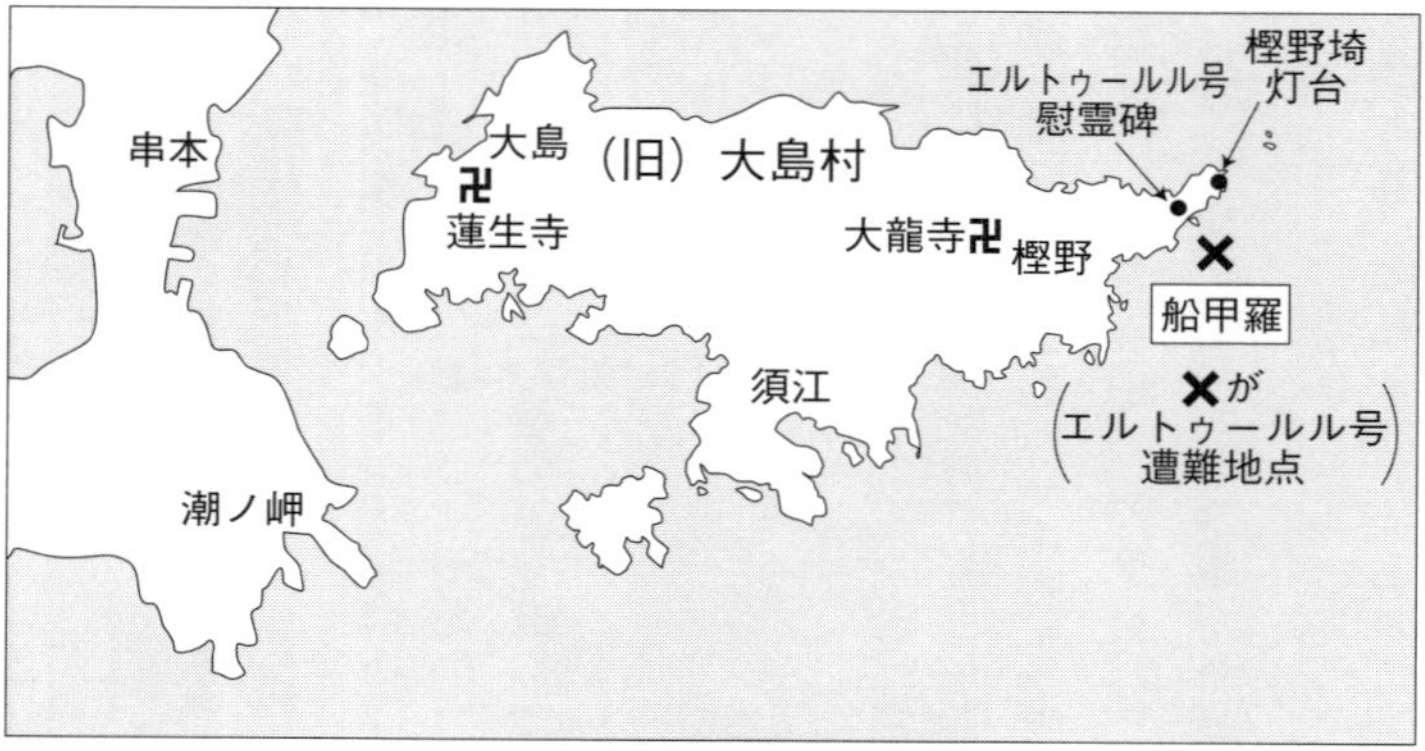

旧大島村と樫野崎

り灯台であり、またわが国最初の回転式閃光灯台（一定間隔でピカリと光らせる方式の灯台）として知られる。一八六三（文久三）年、長州が下関で外国船を砲撃、これに怒った英仏米蘭の艦隊は報復のため長州藩と戦い、圧倒的な勝利を収めた。そして賠償金を三分の二に減らすかわりに列強はいくつかの条件を突きつけた（「江戸条約」）が、そのうちの一つが灯台の建設だった。特に強硬なイギリス公使パークスは一八六六（慶応二）年、幕府に対して灯台を設置する場所についても詳細に要求してきた。幕府はやむなくこれに応じ、この方針は明治新政府にも引き継がれる。その結果誕生したのが観音埼、野島埼、神子元島、佐多岬、潮岬、伊王島など全国八カ所の灯台で、大島・樫野埼灯台もこの八灯台のひとつだ。

樫野埼灯台を造ったのはイギリス人技師リチャード・ヘンリー・ブラントン。スコットランドのアバディーンに生まれたブラントンは最初鉄道会社の土木首席助手として鉄道工事に携わっていたが、一八六八年二月になって著名な灯台建築家スチーブンソン兄弟に灯台技師として採用された。スチーブンソン兄弟は日本の明治政府から灯台技師の選任を任されており、優秀な技師であるブラントンなら灯台建設に必要な知識を短期間で習得できるとして彼を選んだのだ。日本に出発するまでの数カ月間、ブラントンは灯台建設と光学、さらにその他の機械装置の知識をイギリス国内で実地に学び、一八六八年八月、明治政府最初のお雇い外国人として来日した。当時二六歳の若さだった。ブラントンは一八七六年までの八年間を日本で過ごし、紀州の二灯台（樫野埼灯台、潮岬灯台）をはじめ日本全国で二六基の灯台を造り、「日本の灯台の父」と呼ばれた。また灯台建設以外にも日本初の電信工事、日本初の鉄橋建設も手掛けた。日本最初の鉄道は新橋・横浜間が最もいいと明治政府に進言したのも彼である。

そのブラントンによって造られた樫野埼灯台（着工は明治二年）の初点灯は一八七〇（明治三）年六月十日。実は完工より二カ月前の点灯で、それだけ同灯台の重要度が高く、少しでも早く点灯したかったのだ。この樫野埼灯台は背の低い、ずんぐりむっくりした灯台で、設立当時の高さは四・五メートルに過ぎなかった。しかし海面から四〇メートルもの切り立った高い断崖に建てたため、高さはこれでも十分だった（のち昭和二十九年に一階と二階の間に継ぎ足し部分が造られ、現在の灯塔高は一四・六メートルに）。以来百三十七年の歳月に耐え、今なお活躍している最古の洋式灯台である。当時はパラフィン・ランプを使い、光度は約四〇八二カンデラ、光達距離は約三二キロメートルに及び、初点灯以来、熊野灘を航行する船舶にとってはすこぶる頼りになる存在であった。

この樫野埼灯台に一大変事が起きたのは一八九〇（明治二十三）年九月十六日、嵐の夜のことであった。そしてここで起きた悲劇が生の人間同士の心の触れ合いを生み、日本とトルコというアジア大陸の東端と西端に位置する両国を強く結びつける契機になったのである。

第一章　遭難

樫野埼灯台

激しい風雨にさらされながら、傷ついた男が一人、ふらつく足取りで大島村の樫野埼灯台の入り口に近づいていった。怒濤の海に投げ出されながらも、死力を尽くして岩場に辿り着き、残された力で灯台の光を目指し、四〇メートルもの崖を木や岩を頼りによじ登ってきたのだ。もう余力はほとんどなく、よろめくように灯台の前に立った。ドアが見える。男はそこまで重い足を運び、ドアを開けた。部屋の中で人の気配がした。「助かった」と思った。

灯台では当直の職員、乃美権之丞が荒天の中、「ひどい嵐だ」と思いつつ、その職務をまっとうしていた。前日から吹いていた東風が夜になって激しい雨を加え、灯台を襲っていた。午後九時三十分くらいになると南東の風に変わり、風雨の勢いはさらに増していた。そんなとき、当直室のドアが突然開き、風雨とともに一人の男が入ってきた。不意の来訪者を見て乃美は一瞬驚き戸惑った。日本人ではない。その男はほぼ全裸で、血を流していた。それを見て「海難事故だ」と直感した。

一八九〇（明治二十三）年九月十六日午後十時十五分のことである。

乃美はすぐに号笛で隣接の官舎にいる主任の瀧澤正浄を呼んだ。

急ぎ駆けつけた瀧澤も傷を負った異国の男を見て、事態を把握した（このとき瀧澤も灯台にいて、交代のための引き継ぎをしていたとの話もある）。しかし、実際に何が起こったのかわからない。憔悴した様子で喘いでいるその男に日本語で問いただしてみたが、通じない。

このときの模様を記録したものに『樫野崎燈臺日誌』があるが、それによると、傷ついた男はトルコとだけ話し、あとは船が沈没したことを手まねで示すのみだったとある。また、一九三七（昭和十二）年刊の『日土親善永久の記念―土耳其國軍

樫野埼灯台

艦　エルトグルル號』（駐日土耳其國大使館）には、彼がトルコ人であることがわかったのは、瀧澤が万国信号ブックを示したところ、トルコを指し示したためと書かれている。

当時の灯台は、船舶通行の安全を守る任務だけでなく、国防上船舶の通行実態を調べる役割も担っていた。どこの国の船が何隻通過したかということをチェックしていたのである。そのために万国信号ブックが常備されていた。

判明したのはそれだけで、どれくらいの規模の船がどこで沈んだのか、乗船していたのは何人くらいなのか、具体的な状況は何もわからない。ともかく、この男の手当てをすることが先決だと、二人が動こうとしたとき、同様の男が次々と灯台にやってきた。その数は九人。先の男を合わせると一〇人になる。いずれも濡れた体に傷を負っている。重傷者もいるようだ。助け合いながらここまで辿り着いたのだろう。

実際の遭難者はもっといるのかもしれない。だとしたら、救助しなければならないが、とりあえず、この怪我人達の手当てをしなければと、瀧澤と乃美は常備している薬を取り出して応急手当てを施した。血を拭い、豚脂（ラード）を傷口に塗って包帯で巻いた。そのほか膏薬、硼酸などの傷薬も使った。また、ほとんどが全裸に近い状態で、寒さで震える者が多かったので、有り合わせの衣類や敷物などをまとわせた。

事の詳細はわからなくても、また、どこの国の人間であっても、傷ついた者がいたらとにかく助けなければならない。二人は支給されている官品だけでなく、晒木綿などの私物も惜しみなく使った。

手当てを受けつつ、渇きで水を求める者も多く、中には一人で七、八杯も飲む者もいて、瀧澤を驚かせた。

応急手当てを受けて落ち着いたのか、男達の一人がここはどこなのかと手まねで聞く。瀧澤は地図を見せ、樫野崎を示すと、なぜか驚いた様子だった。また、彼の手まねによると彼らが乗っていた船は岩礁に激突して破砕したようである。岩礁が数多く点在するこの辺の海では十分あり得ることで、おそらくこの嵐に弄ばれるうちに大きな岩礁にぶつかってしまったのだろう。

瀧澤は沈んだ船がどのような船なのかを知ろうと、備え付けの洋船装帆図を見せると、男達はバーク型の船を指した。バーク型とは、最後部のマストが縦帆で他のマストは横帆の帆船のことである。

いずれにしても、灯台職員だけでは対処しきれないし、海難事故の救援活動は、船を出せる村民に任せるのが常だ。怪我人の処置も村民達の助けが必要である。瀧澤は、灯台がある樫野地区の区長、斎藤半之右衛門宅に小使いを走らせた。

灯台から斎藤がいる樫野地区の集落までは一キロ以上離れている。瀧澤が使いを出した時間は定かではないが、一〇人に応急手当てを施し、尋問をした後と考えると、日付は十七日に入っていただろう。

東西約六・三キロ、南北三・二キロ、周囲約二六キロの横長の島である東牟婁郡大島村には、大島港がある西側の大島地区、樫野埼灯台がある東側の樫野地区、その間の、島の南側に位置する須江地区の三つの集落があり、各地区を結ぶ道は人がどうにか通れる程度のものだった。村民の多くは半農半漁の生活をしている。

樫野は一七九一（寛政三）年にレイディ・ワシントン号とグレイス号の二隻のアメリカ商船が薪水を得たところで、これが公文書に記録された日米間の初めての接触とされている。

村役場は大島地区に置かれ、村長が在住していた。村長は沖周。一八八九（明治二十二）年の市町村制施行により、民選によって初代村長となった人物で、のちには村会議員も務めている。人望厚い人物だったと考えられる。沖家は地元で屈指の旧家で、家では煙草、酒類、米穀などの販売業を営んでいた。

他の二地区には区長がいて、村長を補助する形で地区を仕切っている。

島の人口は、一八八九（明治二十二）年の数字では大島地区が二四〇戸一二一九人、須江地区が一一一戸六五六人、そして灯台がある樫野地区はいちばん小さな集落で五九戸二〇三人。一年程度では人口にそれほど変化はないだろうから、事件が起きた一八九〇（明治二十三）年もこれくらいの数だったと考えられる。

須江地区の区長は瀧本彦右衛門で、樫野地区の区長が斎藤半之右衛門。瀧澤は灯台がある樫野地区の区長に急を知らせたのだ。

知らせを出した後も二人の職員は不眠不休で働いた。先の一〇人に加え、午前五時五十分から七時三十分までの間に傷を負ったトルコ人が、なんと五三人も灯台にやってきていたのだ。彼らは、九死に一生を得て海岸まで泳ぎついたものの、右も左もわからないので、海岸で徹夜し、夜が明けてから灯台に救助を求めたのである。

五三人のうち重傷者が六人、あまり傷を負っていない様子の者が八人、その他は軽傷だった。重傷者の中にはかなりの苦痛を訴える者もいた。

彼らの怪我の状態については、九月二十一日付の『大阪朝日新聞』が次のように報じている。


六十三名は士官六名其他は水兵、水夫等にして右の内士官一名は脚を挫き他の一名は腕を折り居て他の水兵、水夫等も多少の傷を負はざる者なく甚だしきは左の股を三寸許も抉取られたるもの両眼全く明を失いたるものありて――

ただのちの記録によれば、生存者で両眼の光を失った者はいない。そのほか、臀部に創傷がある者、肺を損傷している者、頭や腕に傷がある者など怪我の状態はさまざまである。瀧澤らは、汗みずくになりながら薬と包帯ででき得るかぎりの応急手当てをするとともに、米などの食事も提供した。

村民を動員

瀧澤が送り出した使いはどうしたのか。

大島村は古座村（現串本町古座）にある東牟婁郡警察署古座警察分署の管轄で、この海難事故を分署長として処理したのが小林征一警部補である。彼は手記を記していて、古座警察分署に勤務していた早田貞蔵がこれを発見して筆写し、一九二八（昭和三）年に雑誌『海』に内容を紹介している。それによれば、瀧澤が送り出した使いは斎藤に知らせに行く途中、七、八人の村民に出会っている。村民達は前夜の暴風雨で漂流物がないかどうか見回っていたとのことで、難破した船があることをすでに知っていたという。

小林の手記には、使いは斎藤へ知らせる途中で事故のことを知っている村民に会ったので、「公然通知の労を取らず」帰ったとある。

実は十六日の夜、樫野地区の村民も怪我をした外国人を発見していたのだ。高野友吉という若者が、風雨が激しいので（海上で爆発音を聞いてとの話もある）、姉のことが心配になり、灯台に様子を見に行く途中、体に数カ所の傷を負った大男と出くわしたのである。高野の孫の話によると、高野の姉は灯台職員のところに嫁いでいたという。

高野もすぐに海難事故だと察しただろう。

「まず連絡とこの男の手当てだ」

彼はその男を抱き抱え、村落に戻って変事を知らせた。

斎藤が何時頃事件を知り、行動に移ったのかは定かではない。

大島村の沖周村長が残した『土耳其軍艦アルトグラー號難事取扱ニ係ル日記』（以下『沖日記』）には、沖に対する斎藤の説明として、「午前六時に当地の者から、採藻のために海岸に出たとき、乗組員に出会い、負傷した乗組員が上陸しているという知らせを受け、ただちに現場に駆けつけた」とある。

ともかく、斎藤は事件を知ると、樫野地区の村民を動員するとともに、自ら海岸へ走った。そしてそこで見たものは、荒波の中、船の破片が海面を覆い尽くすように漂い、その間に多くの死体が浮遊している凄惨な有り様だった。

「並の事故ではない」

と思った斎藤は、すぐに村民を指揮し、自力で陸に辿り着いた遭難者の救出活動を開始する。

樫野の海岸は崖である。崖下で助けを求める負傷者を上まで運ぶのは難儀なことであった。しかも雨も降っている。村民達は崖下に降り、言葉が通じない異国の遭難者を励ましつつ、戸板に括りつけて運び上げるなどした。その結果、樫野浦で救出された生存者は六人。

さらに、灯台にも遭難者がいることを知った斎藤は、村民を引き連れて灯台に向かった。そこには瀧澤達に応急手当てを受けた六三人の外国人がいた。狭い官舎の中で彼らは肩を寄せ合い、窮屈そうにしている。重傷者なのだろう、苦痛で喘ぐ者もいる。

素人の応急手当てだけでなく、医師によるきちんとした手当てを施さなければならないが、六〇人

『沖日記』

以上の負傷者の処置をするには、樫野埼灯台の官舎はいかにも手狭だった。同官舎は事務室のほかに一号室から三号室まで部屋があり、ほかに炊事場や浴室があったが、その広さは全部で三七坪（約一二二平方メートル）ほどなのである。

斎藤区長は瀧澤と相談の上、六三人のうち軽傷で歩ける者二五人を、十七日の午前九時四十分、近くの臨済宗の寺、大龍寺に移した。村民達が海岸で助けた六人も同様にこの寺に収容している。

そして、斎藤区長とともに駆けつけた樫野地区の小林健斎医師が治療を開始。村民達の救護活動も本格的に始まった。

村民は、多くのトルコ人が遭難したことがわかっているだけで、そのトルコ人達がどのような人達なのか、何のために熊野灘を通ったのか、皆目わからない。トルコという国があるということも知らない村民もいたはずだ。それでも彼らは、とにかく救うことだけに専念した。負傷者を大龍寺に運び、血や汚れを拭い、水を求める者には与え、そして小林医師の手当てに協力した。言葉は通じないが、「しっかりしろ」と声もかける。集まった村民は、男女を問わずそれぞれが骨身を惜しまず働いたのである。

ノルマントン号事件

この海難事故の知らせが、斎藤区長から村役場にいた沖村長のもとに届いたのは、十七日の午前十時三十分のことである。樫野地区から大島地区までの距離は約八キロ。陸路を急いだとして一時間前後。このことから斎藤はある程度状況を把握してから沖へ使いを走らせたと考えられる。斎藤が知らせた内容も「外国船が難破し、乗組員のうち死者、負傷者がいるので、医師を伴って来てほしい」というもので、生存者だけでなく乗組員の遺体を見た上での報告となっている。

沖村長が事件を知ったとき、暴風雨はすでに大島を去っていた。しかし、それはこの年いちばんの暴風雨だった。

「あれにやられたか」

報告を受けた沖村長の対応は迅速だった。まず大島村が帰属する、新宮町にある東牟婁郡の郡役所に知らせを出し、さらにその上の和歌山県庁へは西牟婁郡の田辺電信局に依頼して、電報を打つ手配をした。当時大島村にはもちろんのこと、郡役所がある新宮にも電信設備はまだ整っておらず、いちばん近いところが七〇キロ以上離れた現在の田辺市にある田辺電信局だったのである。このため、県が事件を知るのは、十八日深夜になってからのことだ。

沖は同時に大島地区の医師、松下秀、伊達一郎に治療の支度をさせ、さらに食料品なども用意し、書記の菱垣芳松、駐在の川嶋犬楠巡査らを連れ、役場を飛び出した。また、負傷者が多いとの情報も入ってきたので、さらに大島地区在住の川口三十郎医師にも出張を依頼した。

余談だが、大島村には当時医師が七人いたと言われる。わずか四〇〇戸ほどの村にこれだけの医師がいたのにはわけがある。風待ち港だった大島港には船の出入りが多く、その男達を相手にする遊郭もあった。そのため医師の需要があったのだ。それが救護活動には幸いした。

沖村長が島の反対側にある樫野地区に到着したのは十七日午前十一時三十分のことである。連絡を受けてから、わずか一時間である。陸路では、出張の準備を含めてこれほど早く着くことはできない。沖はおそらく船を使い、大島港から比較的波の静かな島の北側を巡り、樫野に入ったのだろう。

ところで、沖村長や斎藤区長及び村民達は、突然の出来事にもかかわらず、事件発生以来迅速にむだなく対応している。

もともと熊野灘は海難事故が多いところで、村民達はその対応にある程度慣れていただろうが、さらに四年前にノルマントン号事件という日本国民を憤慨させた事件が起きていて、その対応にも村民達は奔走していたのである。

一八八六（明治十九）年十月二十四日夜、紀州沖でイギリスの汽船ノルマントン号が暗礁に乗り上げ沈没した。しかし、これは単なる外国船の海難事故ではなかった。

当時横浜・神戸間にはまだ鉄道がなく（東海道本線が全通するのは一八八九年七月）、一般の人がその間を移動するときは日本郵船の客船などが使われていたが、そのほか、船賃がそれよりもかなり安い貨物船を利用する日本人も多く、それを斡旋する業者もいた。乗客は貨物扱いである。

貨物船のノルマントン号も日本人乗客を乗せていた。もちろん、客室などはない。そして難破。ところが、ドレイク船長以下イギリス人船員は自分達だけがバッテーラ（ボート）に乗り移り、日本人二五人は置き去りにされてしまったのである。その結果、日本人は一人も助からず、他にインド人と中国人乗組員も死んでいる。

事の真相が明らかになると日本国民は船長の非人道的な行為に激怒した。ドレイク船長らはイギリス領事館の海事審判にかけられたが責任は問われなかった。そのため世論の怒りはいや増した。政府は兵庫県知事に対し、神戸のイギリス領事館へ船長を殺人罪で告訴するように指示した。安政の不平等条約のため日本が裁くことはできなかったからである。横浜のイギリス領事館裁判所で審理されたが、有罪はドレイク船長のみで、しかも禁固三カ月という軽い刑で済まされた。このため世論はさらに激高し、その悲劇は、「外国船の情けなや、残忍非道の船長は、名さえ卑怯の奴隷鬼（ドレイク）――」という『ノルマントン号沈没の歌』にまでなり、流行した。そして治外法権撤廃の必要性が強く認識されるようになったのである。

ただ、事件発生時は日本人が見捨てられたことなど誰も知らず、大島村の村民はイギリス人の遭難者を献身的に救助した。

二十五日朝に樫野埼灯台職員が、漂流するノルマントン号のボートを発見し、すぐに樫野に知らせた。当時大島浦の戸長で、その後、沖村長のもとで大島村助役になる木野仲輔が、たまたま所用で樫野に宿泊していた。木野は事故を知ると樫野の村民を動員して裏の浜（今の樫野漁港）から救助船を出そうとしたが、強風と激しい波のため出せない。風向きを考えた彼は須江からならなんとか船を出せると判断し、須江地区の村民に救助を依頼した。須江の人達一四一人がすぐに集まり、九隻の櫓漕ぎの鰹船に乗り、折からの強風で荒れる海の中へ危険を冒して乗り出し、二隻のボートに乗ったイギリス人船員一五人を救出した。しかし、救出された者のうち三人はすでに死んでいた。さらに二人は瀕死の状態だったが、医師が懸命に治療し、助けることができた。村民達は死んだ三人を不憫に思い、手厚く葬った。

このとき救出されたイギリス人船員を泊めた矢倉甚兵衛の次の証言が残っている。

「雨降りの戸外を歩いて来た土足で直ぐ座敷に上がられて困りました。又畳の上へ遠慮なく唾を吐かれるのにも弱ったのです」

また、イギリス人船員は茶を籠に入れて持っていた（ノルマントン号の積荷には茶もあった）。日本人は見捨てても、茶は大事に持ってきたのだろう。

このほか串本の海岸にも一四人のイギリス人を乗せたボートが漂着。これにドレイク船長が乗っていたようだ。

その後、政府によって、ノルマントン号が沈没したと考えられた勝浦沖で日本人乗客の捜索や沈没状況の調査が行われ、そのとき現地の人間として、当時三輪崎村（現新宮市）ほか四カ村の戸長を務めていた沖周が陣頭指揮を執り、手際よく対処した。もっとも、沖らの尽力にもかかわらず、沈没場所は特定できなかった。

木野はのちに日本人が犠牲になったことを知り、義捐金を募り、慰霊碑を建てるなどしている。沖は樫野に向かう間、このときのことを思い出していたかもしれない。また、灯台で必死の救護活動をしている村民の中にも、このときのことを思い出していた者もいたであろう。

しかし、沖も村民も、今自分達が直面している出来事がノルマントン号事件よりはるかに規模の大きな海難事故であることはまだ知らない。

沖村長の指揮

樫野に着き、斎藤区長の出迎えを受けた沖は状況を尋ねた。斎藤は、遭難者は灯台にも上陸していること、彼らの国はトルコであること、彼らが乗っていた船がどのような船なのか不明であること、乗組員の数や死亡者の数なども不明であることなどを説明した。

「上陸した者は六〇余人で、そのうち五〇人は怪我をしています。彼らを大龍寺と灯台官舎に収容して、目下当地の小林健斎医師に治療させていますが、十分ではありません」

と斎藤が付け加える。

現状を把握した沖は灯台に向かった。

『樫野崎燈臺日誌』によると、灯台には沖より先に松下、伊達両医師が到着している。午後十二時三十分のことである。両医師は、小林医師と協力して灯台と大龍寺の負傷者の治療に着手する。

灯台官舎には重傷者が残されていた。

「重傷の者がかなりいる。応急手当ては施せても、ここでは十分な治療が困難だな」

「応急手当てが済んだ負傷者を大島に移し、その他の負傷者は全員大龍寺に移すことにしよう」

医師達はこう相談し、村民の手を借り、手当てがまだ必要な負傷者を大龍寺に移した。後から灯台に駆けつけた川口医師も大龍寺に向かい、負傷者の治療に加わる。

結局この日は、灯台官舎に残されていた三八人の生存者全員が村民達によって、夜までに大龍寺と樫野地区にある樫野小学校に移されている。村民達は、苦しむ乗組員たちをふご（竹やわらで編んだ運搬具）や戸板に乗せ、手を取り励ましながら運んだ。そして川口、松下両医師が彼らの面倒を見るため、樫野に泊まることになる。

午後一時に灯台に着いた沖村長は、菱垣書記と役場の雇員、山本重一郎を川嶋巡査とともに遭難現場に行かせ、漂着遺体と沈没船の物品の保安に従事させている。この辺は抜かりはない。

沖は、書記らを現場に行かせると同時に、軽傷で比較的元気な乗組員を選び、遭難の顚末について尋問を始めた。しかし、言葉が通じないのではっきりしたことはわからない。それでも、手まねなどで国名、船型、船号、乗組人員などがわかったが、その他のことは不明だ。

そこで、灯台の瀧澤主任にも尋ねたところ、船種は帆走船で、横浜出帆は九月九日、その後二日間は長浦に検疫のためとどまったということがわかったが（実際に横浜から長浦へ回航したのは七月二十一日、長浦を出発したのは九月十五日）、それ以外は前聞と同じだった。瀧澤はこのときまでになんらかの方法で上記のことを聞き出していたのだろう。

助けられた乗組員の中には水兵服を着た者もいる。そのことから、遭難した船は軍艦であることがわかる。かつ死者の数は数百人にもなり、高い身分の者も乗艦していたことがだいたいわかってきた。

「これは重大事だ。とにかく事態の詳細を関係部署に伝え、適切に処理しなければならない」

こう考えた沖は、その話をした乗組員を連れて神戸に出向くことを決める。多くの外国領事館がある兵庫県の知事に詳細を伝え、トルコ領事館に通報してもらって、今後の対処の指示を仰ごうというのである。もっとも、このときは日本とオスマントルコとの間に国交はまだなく、そのため領事館も存在していなかった。

沖が乗組員に神戸行きを知らせると、手まねで衣服と金銭がないからそうしたくてもできないので迷惑だと訴えるので、その辺はすべて沖がはからうと伝える。そしてたまたま大島港に防長丸という汽船が寄港していることを思い出し、それで行くことにした。乗組員はこれを承諾し、沖は元気な乗組員をもう一人加えて、神戸に向かうことにし、灯台から彼らを同道して樫野の区長事務所に入った。午後四時のことである。この頃、古座警察分署の小林分署長が現場に到着している。午後一時頃、大島村駐在の川嶋巡査からの知らせを受け、分署を飛び出したのだ。

沖が乗組員二人を乗せていこうと考えた防長丸は、熱田・神戸間を往来している山口共栄社の汽船で、神戸港への帰路、船長の渋谷梅吉は激しい風と波に危険を感じ、無理をせずに大島港に身を寄せていた。

大島港に向かう途中、渋谷は深い霧の中、一里ほど離れたところに汽船のようなものを確認したが、それが防長丸が避けた暴風雨に遭遇し、難破するトルコの軍艦だったのである。

遭難船はエルトゥールル号

ところで、このときの暴風雨で沈んだのはトルコの軍艦だけではなかった。日本郵船の武蔵丸と頼信丸が、それぞれ高知沖と徳島沖で沈没していた。武蔵丸は貨物船で下関から横浜に石炭を運ぶ途中、十六日午後五時頃沈没し、一人のみ救出され、五九人が死んだ。船長はデンマーク人だった。この海域の航海に慣れていなかったのかもしれない。一方の頼信丸は小型の帆船で、これも石炭を運ぶ途中の十七日午前〇時三十分、岩礁に触れて沈没。七人が助かり、二三人が犠牲になっている。このほか、徳島沖では個人所有の帆船、布引丸も沈没した。また、船の被害だけでなく、四国、近畿などでは川の増水などによって民家や橋が流失している。

では、実際にはどれくらいの暴風雨だったのか。十六日午後四時二十五分、中央気象台から暴風警報が出ていて、その内容は、「低気圧が高知で七五五ミリメートル（一〇〇七ミリバール）を示し、晴雨計がにわかに降下、なお北東に向かって進行している」というものだ。中央気象台の午後九時の天気図では、紀伊海峡に七五〇ミリメートルの低気圧があることが記されている。

また、大阪測候所の観測によると、大阪では十六日の午前九時から東北の強風が吹き、午後二時になって暴風となり、これが三時まで続き、その後、衰えて強風となって、十七日午前三時まで吹き続いたという。大島村に最も近い和歌山測候所では、十六日の午前から気圧が下がり始め、その降下は

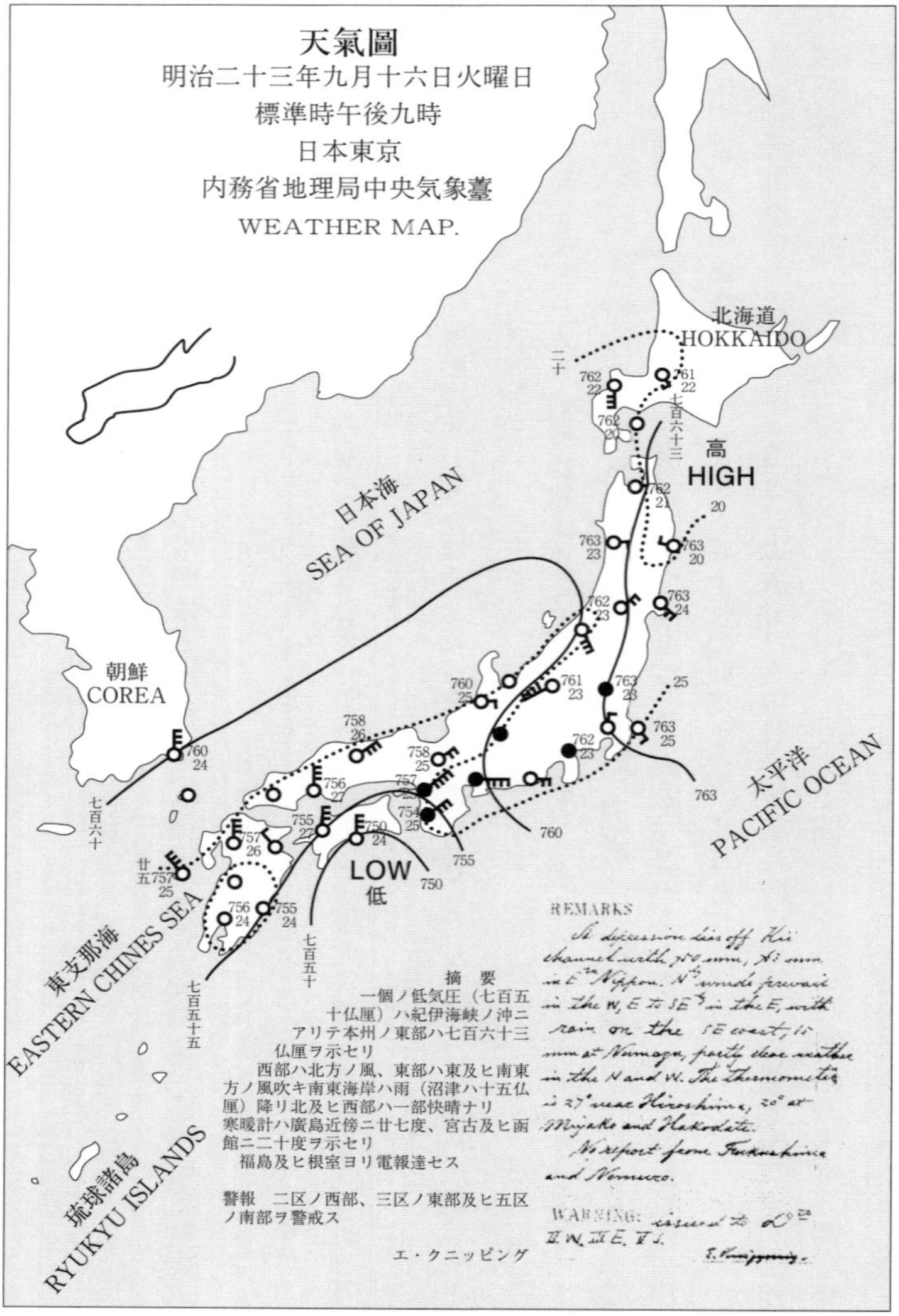

エルトゥールル号遭難直前の気象
（三ケタの数字は仏厘（ミリメートル）
二ケタの数字は気温）

十六日深夜から翌十七日の午前一時くらいにピークを迎えている。これにともない、十六日から十七日に移る時間帯に降水量が多くなり、十七日の午前六、七時頃には一度落ち着き、八時から十時まで再び雨が激しくなって、それ以降は止んでいる。

エルトゥールル号が遭難したのは十六日の午後九時三十分頃。暴風雨が最も激しくなる直前だったと考えられる。

航路を熟知していて、嵐の危険性を敏感に感じとり、難を避けた防長丸船長の判断は適切だったと言える。その渋谷船長は樫野崎での事故を知り、状況が気になり、現場にやってきていた。それを知った沖村長はすぐに呼び寄せ、防長丸で神戸に行くことを依頼したところ、渋谷船長は快諾した。

さらに、たまたま渋谷船長と機関手が外国船の乗組員を長く経験していたので英語ができることを知り、通訳を頼んだ。一方、トルコ軍艦の生存者の中に英語を解する人間が一人いた。最初に灯台に辿り着いた一〇人の一人で、神戸へ同行する予定のハイダールという士官である。

沖は渋谷たちを介して、詳細をハイダールから聞き出した。それで判明したことは次のことである（『沖日記』による）。

一　トルコ軍艦　汽船
一　艦号　アルトグラー（エルトゥールル）
一　馬力　六〇〇馬力

一　トン数　一一〇〇トン
一　大砲　大一〇門　小一〇門
一　マスト　三本
一　艦員　六五〇名
内五八七名　死亡
残員六三名　生存上陸
内五名　無事
五八名　負傷者

皇族（トルコ帝弟であることを述べる）オスマンパシャ殿下
一等艦将　アレベー（アリ・ベイ）
二等艦将　ニユルベー
三等艦将　ナーマーツ
四等艦将　ハイダール
楽隊長　イスマイル
一等機関手　イフラエンブ
二等機関手　アフメーパ

三等機関手　アリコー

横浜出帆は九月十四日で、神戸に向かう途次の十六日午後四時（とハイダールは証言）、樫野崎の岩礁に衝突し、機関と艦底が破裂。船は激しい波のため沈没し、午後十時頃灯台下の東側海岸に生存者は漂着した。

小林分署長の手記にも、このときの聴取内容が記されている。それによると、樫野崎の北東四マイル（約六・五キロ）のところで暗礁に乗り上げたのが午後三時三十分頃で、四時に樫野崎で岩礁に衝突となっている。

小林はこの時間に疑問を持った。灯台に生存者の一人目が辿り着いたのが午後十時十五分。これは灯台職員が確認しているので間違いない。四時に岩礁に衝突してから六時間以上も経過している。事故現場から陸地までは二三〇メートルほどしか離れていない。しかも、もし午後四時だとすると、嵐の中とはいえ、まだ辺りは暗くはなっていない。そこを泳いで、さらに灯台に至るまで、いかに怪我をし、憔悴していたからといっても時間がかかりすぎているのである。

小林はハイダールが防長丸で神戸へ発った後、ブラザーンという士官とその従僕、ハアリーに念のためそのことを問いただしている。もっとも、言葉は通じないので、時計を示し、遭難の時刻を聞いた。ブラザーンとハアリーのどちらが答えたかは定かでないが、短針を三時のところに置き、長針を三十分のところに移した。三時三十分である。ハイダールからの聴取内容と同じである。

「ハイダールの証言で間違いないのか……」

小林が納得がいかない顔をしていると、その乗組員は、ただしこれはトルコの時刻だと付け加えた。そこで小林はイギリスの時間に置き換えると何時にあたるのかと問うと、今度は短針を九時にもっていき、長針を三十分のところに移した。

小林は「ここにおいて初めて我が国と土耳其と時刻の取り方に相違ある事を知れり」と記している。これなら納得がいく。防長丸の渋谷船長はハイダールが言ったトルコの時間をそのまま日本語に訳したのだろう。

この時間については、のちに生存者の救援のために派遣された軍艦八重山の三浦艦長の報告書でも触れている。その中で三浦艦長は、トルコの時間はヨーロッパで用いられているものと異なり、トルコの三時三十分はイギリスの九時三十分であることを考えれば、難破した時間は午後九時三十分であると推測できる、と述べている。

トルコで使われているイスラーム（ヒジュラ）暦では一日が日没から始まる。そのため、暗礁に乗り上げたのは日没から三時間三十分ということであり、これによって、グレゴリウス暦の日本（一八七二年十二月に採用）やイギリスの時間とトルコの時間との表示のずれが生じたのである。

第一号遺体の検死

それはともかく、渋谷がいたことで、海難事故の全容が初めて明らかになった。トルコの軍艦で六五〇人が乗っていて、しかも、その中には皇族もいるらしい。大変な事故である。難所、熊野灘でもこれまでこれほど大きな事故はなかった。

「四年前に処理したノルマントン号の比ではない」――沖はそう思ったろう。

沖は急ぎハイダールら（もう一名はイスマイル）を連れ、神戸へ出向いて事態を知らせる必要性を改めて感じたが、しかし、遭難者があまりにも多い。村長である自分はここにとどまって対処しなければならない。そこで、自分のかわりに、臨時村役場雇員の橋爪仁蔵に行かせることにした。

沖は兵庫県知事、林董に対し、現状の報告と対処の依頼をしたため、橋爪に託した。また、旅費として一〇円をハイダールに貸し、一五円を橋爪に持たせ、神戸に行く間の衣食については渋谷船長に任せることにした。この頃の物価は、白米一升が七銭、麦一升が四銭、晒木綿一反が一五銭である。

さらに、事故の詳細がわかったので、和歌山県庁と、沈没した船が軍艦であることから海軍、及び呉鎮守府に対しても電報を送った。呉鎮守府は本州西部、四国沿岸を防御する海軍の機関で、このときの司令長官は中牟田倉之助（一八三七〜一九一六）、参謀長は、のちに連合艦隊司令長官としてロシア・バルチック艦隊を撃破する東郷平八郎（一八四七〜一九三四）である。

この電報の手配をしたのが午後五時頃で、同じ頃、小林分署長が巡査を連れて沖のもとにやってくる。小林が連れてきた木村實巡査は橋爪に同行する。

小林はこの時間までに遭難の現場を視察していた。

灯台の下の樫野の海には岩礁が点在している。小林はその間に船の破片がたくさん漂着しているのを確認する。ただエルトゥールル号の積荷のようなものは一つも見当たらない。さらに陸地から南東一三〇間（約二三六メートル）余りのところに、艦艇のようなものが沈没していると聞き、小船を仕立てて乗り出してみたが、風が強く、波が高いので目的地点まで近づくことができず、あきらめて戻ってきた。

陸に戻ってきた小林に遺体が四体漂着しているという情報が入る。すぐに漂着現場に駆けつけ、遺体を調べてみると、年齢はいずれも三〇歳から四〇歳の間と推測される。ヨーロッパ人の容姿であるところを見れば、エルトゥールル号が難破したときに溺死したものであることがわかる。服装から四人とも一般の水兵と考えられる。生存者に遺体を見せ、四遺体の名前を尋ねるが、言葉が通じず、よくわからない。ただエルトゥールル号の乗組員であることは認めている。

小林分署長は医師に検死を依頼し、それが済むと、沖村長に遺体を引き渡して埋葬を任せている。時刻はすでに夜の七時になっていた。小林はここで初日の処置を終了させているが、その手記には第一号遺体の「屍體検按届寫」が記されている。

それによると、氏名不詳、男、年齢は二三歳くらいで、遺体の様子は、肩甲骨と背中の皮膚の広い部分に挫傷があり、外踝には幅五分くらい、深さは筋膜に達するほどの挫創がある。また、上瞼に外傷があり出血。額には複雑骨傷があり、額の肉は脱落していて、臓腑も脱却している——というものである。

「恐らくは破船游泳の際波浪に激せられ岩礁に衝突して死亡せしものならん。死後凡そ廿時間餘を經たるが如し」

とは、検死をした松下医師の所見である。検死の時間は九月十七日午後六時となっている。エルトゥール号が難破した場所には大小の岩礁が数多くあり、沈没する船から荒れる海に身を投じ、運よく海面に浮かぶことができても、激浪はその体を何メートルも持ち上げる。そしてその波は無情にも一気に消えてしまう。一瞬体だけが宙に残され、岩に激しく叩きつけられてしまうのだ。また、海岸も砂浜ではなく、ごつごつした岩が波を押し返している。かろうじてその岩場まで泳ぎつけたとしても、波にさらわれ、弄ばれて、岩に何度も打ち付けられてしまう。そのため第一号の遺体のような無残な姿になってしまうのである。

四人の遺体は村民達の手によって共同墓地に埋葬された。

沖は遺体の埋葬が終わってからも仕事を続けている。翌日午前十時発の郵便に間に合うように、和歌山県庁と郡役所にこれまでに判明した詳細を書いた書面を作り、それを串本郵便局まで運ばせた。また、翌日行う遺体や船具類の収容・保安のため、大島地区や須江地区の村民に協力を依頼している。

このようにして沖村長や斎藤区長、さらに灯台職員、村民達の一日が終わった。

ちなみに、日本国民がこの報に接するのは十九日になってからである。新聞各紙が号外を出しているが、『東京日日新聞』の号外では「土耳古軍艦の沈没」として次のように伝えている。（文中の変体仮名は平仮名に改めた。）

我が天皇陛下へ勳章を呈せんが爲めに先頃渡來したる土耳古國の軍艦エルトグロール（エルトゥールル）號は艦内にコレラ病發したる爲め久しく長浦に碇泊し居り去る十五日漸く解纜して歸國の途に上りたるが昨十八日午後十時紀州沖に差しかゝりし處同地のカシノ崎に於て暗礁に乘り揚げ剰へ瀛罐破裂して乘組六百五十名の内五百八十七名非命の死を遂げりとの急報ありたり

◎其後報　後報によれば使節オスマンパシャ及艦長其他乘組員の多數は死亡し残るは僅に六十餘名なり、又其六十餘名も大方は負傷し居りて其惨狀目も當てられず

十八日とあるのは十六日の誤りである。

では、異国で海の藻くずと消えたトルコの軍艦エルトゥールル号は、なぜ、そしてどのようにして日本まで来たのだろうか。

第二章　エルトゥールル号来朝

日本とトルコの接近

エルトゥールル号というのはオスマン朝（一二九九年建国）の始祖であるオスマン一世（一二五八～一三二六）の父親の名前、ガジ・エルトゥールル・ベイ（ガジは「常勝」の意味）にちなんで名付けられた、オスマン帝国のフリゲート艦（もともとは帆船時代の軽快な中型軍艦を指す）である。

エルトゥールル・ベイはモンゴル帝国が世界制覇に乗り出した際、アジアや欧州の諸国、諸族が軒並みモンゴルに屈した中にあってこれを潔しとせず、弟のデュンダルとともに西（小アジア＝アナトリア）に移って遊牧諸民族と戦いながらついに新しい領土を得た。当時のアナトリア（現在のトルコの大部分を占める地域）はルーム・セルジュク帝国（イスラーム世界を支配していたセルジュク・トルコ族の一派）とビザンチン帝国（東ローマ帝国）に二分されていたが、オスマン・トルコ族（カイウ族と呼ばれていた）の族長であるエルトゥールル・ベイはこのうちのルーム・セルジュク帝国から領土をもらい、軍団長に任命されてビザンチン帝国との国境守備に当たっていたのだ。そのエルトゥールル・ベイの三人の息子のうちの一人がオスマン・ベイ（オスマン一世）で、エルトゥールル・ベイが他界した一二八八年頃に一族の者から推されて族長になり、自らの名前を部族名とし、オスマン朝を興した（イエニシエヒルを占領してオスマン朝の建国を宣言した）のだ。

そのエルトゥールル・ベイの名前にちなんで命名されたこの軍艦は、ではいったいなぜ日本にやってきたのか。そもそも当時のトルコとはどんな国で、日本とはどんな関係にあったのか。

両国はアジア大陸、つまりはロシア帝国をはさんで東と西に位置する関係だが、日本が鎖国政策をとっていたこともあり、もともと日本とオスマン朝の関係は稀薄だった。それが明治維新後からは徐々に関係が生まれ始める。

最初にオスマン朝のイスタンブールに入ったのは福地源一郎（福地桜痴。一八四一〜一九〇六）だった。一等書記官だった彼は、一八七三（明治六）年、パリに滞在していた岩倉（具視）使節団から立会裁判制度研究のためにイスタンブールに派遣されたのである。もっとも、彼はイスタンブールに行ったものの、「ウィーンの万国博覧会でトルコの出品を見たが、数こそ多いものの大したものはない」と、ウィーンで見た万博での印象を報告し、トルコとの交流にはさほど熱意を示していない。

福地は岩倉使節団に同行する以前に二回ヨーロッパに渡っており、新聞に強い興味を持つようになった。使節団帰国後は『東京日日新聞』の主筆となり、以降ジャーナリストとして活躍した。

その後一八七六（明治九）年になって、当時在英日本大使館に勤務していた中井弘（一八三八〜一八九四）がウィーン大使館勤務の渡辺洪基（のち東京帝国大学総長、一八四八〜一九〇一）とともにイスタンブールを訪問、時の外務大臣に面会している。こうした流れを受け、一八八〇（明治十三）年、外務卿の井上馨（一八三五〜一九一五）は外務省御用係の吉田正春を団長とする使節団をオスマン朝に派遣、吉田らは第三十四代スルタン（イスラーム王朝の君主の称号）、アブデュルハミト二世（一八四二〜一九一八）に拝謁した。さらに一八八六（明治十九）年、ヨーロッパ歴訪中の谷干城農商務大臣（一八三七〜一九一一）が秘書官の柴四朗（一八五二〜一九二二）を伴ってアブデュルハミト二世と面会を果たしている。柴四朗は作家・東海散士の本名だ。不凍港を求めて南下政策をとるロシアに悩まされている点では日本もトルコも同じであり、また両国とも西欧列強との間に結んだ不平等条約に苦しんでいたことも親近感を生み、和親通商条約締結には至らなかったものの、徐々に両国は接近しつつあったのである。

皇室外交

エルトゥールル号来朝の直接のきっかけになったのは一八八七（明治二十）年、小松宮彰仁親王（一八四六〜一九〇三）がトルコのイスタンブールを訪問したことだった。

小松宮親王は一八四六（弘化三）年、伏見宮邦家親王の第八子として生まれ（明治天皇の甥に当たる）、仁孝天皇の養子となって親王宣下を受け、出家して京都・仁和寺の門跡を継いだ。しかし一八六七（慶応三）年の王政復古で還俗を命ぜられ、軍務に就いた。翌年一月には軍事総裁となって鳥羽伏見の戦いの指揮を執り、その後は外国事務総裁、海陸軍務総裁などを経て同年六月には奥羽征討総督になっている。また一八七〇（明治三）年から一八七二（明治五）年までの二年間は英国に留学、帰国後の一八七四（明治七）年には佐賀の乱に際して征討総督として鎮圧の指揮に当たった。さらに一八七七（明治十）年の西南戦争でも軍功を残して一八八〇（明治十三）年には陸軍中将に。そして一八八二（明治十五）年に東伏見宮嘉彰親王から小松宮彰仁親王になり、大勲位を授与されている。なお、彰仁親王はのち近衛師団長、参謀総長などを歴任、日清戦争時には征清大総督になり、さらに元帥へと昇進（一八九八年＝明治三十一年）。一九〇二（明治三十五）年のイギリス国王の戴冠式には明治天皇の名代として参列した。皇族軍人として活躍する一方、日本赤十字などさまざまな団体の長にも就いている。翌一九〇三（明治三十六）年に没して国葬となった。

その小松宮彰仁親王に欧米歴訪の命が下ったのは一八八六（明治十九）年のことである。直接の目的は軍事視察だが、イギリス留学の経験もあることから皇室外交にもぴったりだと判断されたからだ。期間はおよそ一年間。頼子妃を同道するほか、随行員として陸軍中佐立見尚文、陸軍歩兵大尉坊城俊章、小松宮別当三宮義胤らが選ばれた。同年十月二日の出発を前にした九月二十九日、明治天皇は侍従長・徳大寺實則を通して小松宮彰仁親王にこう告げている。

「今欧州に於て卿に特別に調査を託すべきものなし、唯各国帝王・皇后に謁するの際は、朕がために宜しく敬意を致すべし」（『明治天皇紀』）

これに対し、親王は、主にドイツ、フランス両国に滞在し、軍事視察をする傍ら帝室諸礼、近衛と宮内省および皇室警察との関係などについて調査し、研究する旨を述べている。

親王はまず太平洋を渡ってアメリカのサンフランシスコに到着、十一月三日にはニューヨークに着き、フィフス・アベニュー・ホテルに投宿。その日はさっそくセントラルパークを散歩したり故グラント将軍の墓に詣でたりした。欧州に出発する前には軍事視察らしく、陸軍士官学校があるウエストポイントや海軍士官学校があるアナポリスを見学、またワシントンではホワイトハウスでクリーブランド大統領にも面会している。その後十二月二十日にイギリスのリバプール港に到着、ビクトリア女王に謁見したのち天皇の名代として皇太子（プリンス・オブ・ウエールズ）に勲章を授けるなどイギリス王室との親交を深め、評判は高かった。

さらにその後はフランスのパリを拠点に、ドイツ、オーストリア、イタリアなどを巡遊。ドイツ・ベルリンでは海軍大臣西郷従道らを率いて皇帝ウィルヘルム一世と皇后アウグスタに謁見、皇帝と皇后は小松宮一行を歓迎して盛宴を設けて饗応した。また、フランスでは予備兵召集の実地演習を見学した。

こうして小松宮親王はヨーロッパにおよそ半年間滞在し皇室外交を繰り広げたのち、日本への帰路、一八八七（明治二十）年十月にトルコの首都イスタンブールに立ち寄り、皇帝アブデュルハミト二世から手厚いもてなしを受けた。両者は国際情勢について親しく話し合い、そのあとは盛大な歓迎の宴が張られた。小松宮親王は皇帝に明治天皇からの贈り物である梅の模様の硯箱を贈呈、皇帝はことのほか喜んだという。

トルコを発った小松宮親王は、アレキサンドリアに出て、そこから鉄道でスエズに向かい、十月九日、ここでマルセイユ発のフランスの郵船に乗って帰朝の途についた。

日本に着いたのは一八八七（明治二十）年十二月五日だが、帰朝報告を受けた明治天皇は親王に対するトルコの厚遇を謝して、翌一八八八（明治二十一）年五月十日、アブデュルハミト二世に感謝状と漆器を贈呈している。感謝状（親書）の内容は次のとおりだ（内藤智秀『日土交渉史』による）。

「至親至誠ノ良友ニシテ至尊至高至大ナル土耳其皇帝アブジェルハミッドカン陛下に白（もう）ス

朕カ親愛セル二品彰仁親王曩（さ）キニ盛都コンスタンチノープルニ赴クヤ陛下ノ優遇ヲ辱（かたじけの）フシ且ツ府民ノ懇待ヲ受ケシハ誠ニ親王ノ最好記念ニシテ朕モ亦親シク其實況ヲ聞キ頗（すこ）フル満悦ニ堪ヘサルナリ依テ今朕ハ至誠ノ感情ヲ以テ深ク陛下ノ厚誼ヲ謝ス

朕ハ茲（ここ）ニ日本国固有ノ製造ニシテ古来ノ風致ヲ保スル漆器ヲ擇（えら）ヒ之ヲ陛下ニ進呈ス陛下嘉納愛玩セラレレハ朕が幸慶之ニ過キス

此機ニ附シ朕カ抱懐セル敬恭友愛ノ意ヲ致ス

明治廿一年五月十日　東京帝宮ニ於テ　陛下の至親至誠ナル良友

御名」

また一八八九（明治二十二）年には大勲位菊花大綬章も贈っている。

汎イスラーム主義

アブデュルハミト二世がエルトゥールル号派遣を決めたのは、ひとつにはこの小松宮親王のトルコ訪問及び明治天皇からの親書や贈り物への答礼のためであった。またこれを機に汎イスラーム主義を宣伝するという狙いもあった。汎イスラーム主義というのはイスラーム世界の団結と統一を提唱する思想と政策のことで、ヨーロッパのキリスト教諸国の脅威に対抗するイスラームの防衛策として生まれたものである。これを標榜、外交手段として利用することが欧州列強に次々と領土を蚕食されているオスマン朝の生き延びる最善の方策とアブデュルハミト二世は考えたのだ。いわば窮余の一策といってもいい。もちろん、できれば日本との和親通商条約締結も視野に入っていただろう。

オスマン帝国は一二九九年に誕生、その後周囲の小国家を吸収合併しながら拡大し、メフメト二世（一四三二～一四八一）の一四五三年に東ローマ帝国（ビザンチン帝国）の首都であったコンスタンチノープルを征服してイスタンブールと改称し首都とした。スレイマン一世（一四九四～一五六六。在位は一五二〇～一五六六）の頃には最盛期を迎え、圧倒的な軍事力を背景にアナトリア地方を中心に、中東からアジア、ヨーロッパ、北アフリカにまでまたがる広大な大帝国となった。

しかし十七、十八世紀頃になると軍事的衰退が目立ち始め、十八世紀末にはロシアの南下を許すようになった。一七六八～一七七四年のロシアとの戦いに敗れ、黒海の北岸を失い（キュチュク・カイナルジャ条約）、また一七九二年にも再び露土戦争に敗れてクリミア半島の領有権を譲った。以降次々と領土を失い始め、バルカン諸民族もオスマン帝国から自治・独立を勝ち取っていくことになる。帝国内外からの相次ぐ挑戦にもはやなす術もなく、「瀕死の病人」といわれるようになったのもこの頃だ。

アブデュルハミト二世

アブデュルハミト二世が即位したのはこうした状況の中の一八七六年。その前年の一八七五年にはオスマン帝国の財政が破産し、またボスニア・ヘルツェゴビナで反オスマン帝国の農民暴動が起きている。即位二年目の一八七八年にはまたもやロシアとの戦争に完敗、首都イスタンブールのすぐ近くまでロシア軍が迫った。この戦争後のベルリン会議ではルーマニア、セルビア、モンテネグロが独立、ブルガリアも自治を獲得するなど、オスマン帝国のバルカン半島における領土は大幅に削減された。まさに瀕死の帝国である。

いったいどうしたらいいのか。そこでアブデュルハミト二世の考えたのが汎イスラーム主義を利用することだった。国内のムスリム（イスラーム信徒）を掌握するため、かつ対列強外交戦略の上から、それがいちばん有効と考えたのだ。具体的にいうと、欧州列強の領土内には多数のムスリムが存在し、ことにイギリスはこれに神経を尖らせていた。インドなどイギリスのアジアでの支配地には当時、一億五千万人ものムスリムがいたからだ。これらムスリムの間ではカリフ（イスラーム教国の宗教・政治の最高指導者の称号。カリフ制度そのものはすでに崩壊していたが称号としてのカリフは残っていた）に対する忠誠心がなおも強く、カリフの一言でイスラームのために聖戦（ジハード）を起こす可能性もあった。聖戦というのは異教徒に対するイスラーム教徒の戦いのことで、代表例としては十字軍（十一世紀末から十三世紀後半にかけ、聖地エルサレムをイスラーム教徒から奪回するため行われた西欧キリスト教徒による遠征）に対する聖戦がある。だからイスラームの連帯が続いている限りは、イギリスをはじめとする欧州列強もこれ以上はうかつにオスマン帝国を圧迫できないだろうというのがアブデュルハミト二世の計算だった。

彼には自分こそが最も正統なカリフであるという自負があった。

ところがその頃、オスマン帝国内に住むトルコ人以外のムスリムの中から、オスマン朝カリフの正統性に対して異議を唱える者が現れ始めた。エジプトなどにはアラブの有力者をカリフに立てようとする動きがあり、そういう勢力をイギリスが支持、イスラーム世界をトルコとアラブに分断しようという作戦に出たため、アブデュルハミト二世としても放っておけず、何とかオスマン朝カリフの正統性と権威を内外にアピールする必要に迫られていた。

小松宮彰仁親王のオスマン朝訪問はこのような時期であり、アブデュルハミト二世はエルトゥールル号（エルトグロール、エルトグルルなどさまざまな呼び方をしているが、エルトゥールルというのが原音にいちばん近い）を日本に派遣、その途中アジア各地のムスリムに接触させることで大いに宣伝の効果を上げようとしたのだ。

老朽船

しかしエルトゥールル号の日本派遣には問題があった。それは同艦が老朽船であり、極東までの長い航海には耐えられないのではないかという危惧だった。

エルトゥールル号は全長七六・二メートル、幅一五・一メートル、排水量二三三四トンの木造帆船で、一八六三年にイスタンブールで建造された（一八五四年という説もある）。機関馬力は六〇〇馬力（帆走兼用で、航行は主に帆走だった）、石炭容量四五〇トンで、速力は一〇ノット。当時のトルコ海軍は、装甲戦艦一〇隻、木造戦艦一五隻、海防艦一二隻、輸送船一六隻、はしけ四隻の計五七隻を保有していたが、いずれも装甲がきわめて薄く、実戦に使える艦艇はたった六隻に過ぎなかった。その中でも日本派遣に適した船はというとわずか四隻で、うち一隻は修理中。練習艦であるエルトゥールル号はむしろいちばん適した軍艦といってよかった。日本に行くには実質的にはエルトゥールル号しかなかったのである。

当時のトルコ海軍がこうした惨憺たる有り様だったのは、一八七七～一八七八年の露土戦争（ロシアとトルコの戦争）に敗れてから、アブデュルハミト二世が艦隊の主力艦をイスタンブールの金角湾（ハリーチ湾）に封じ込めたままにしていたからである。ハリーチ湾は牛の角の形をしており、朝日、夕日に照らされて黄金色に輝くところから、英米人たちにゴールデン・ホーン、すなわち金角湾と呼ばれた美しい湾である。ここに係留されたままの軍艦は、長い間、十分なメンテナンスもなされず、装備は錆び付き、海軍軍人としての活動を奪われた乗組員たちの士気も日増しに低下していたのだ。このような状況はギリシャとの開戦前（一八九七年）まで続いた。

アブデュルハミト二世が艦隊を封じ込めた最大の理由は国家財政の破綻である。一八五四年、クリミア戦争（一八五三～一八五六年。オスマン帝国領内の聖地エルサレムの管理権をめぐってのロシア対トルコ、イギリス、フランス、サルディーニャ連合軍の戦争。ロシアが敗北）の戦費捻出のため初めて外債を募集、以後はなしくずし的に外国からの借款を繰り返し、ついに一八七五年に至って利子の支払いが不能になった。事実上の破産である。

一八八一年、債権国であるイギリス、フランス、ドイツ、イタリア、オランダ、オーストリアは「オスマン債務管理局」をつくり、トルコの国家財政を管理する。徴税権や借款交渉権などはこの管理局に握られてしまい、一九一一年には国庫の三分の一が外債の返済のために支払われるという状況に陥った。国家財政は事実上外国資本に支配されてしまい、海軍の整備・増強などに使う費用を捻出することなどできなくなっていたのである。

さらにもうひとつ、お雇い外国人の問題があった。アブデュルハミト二世が即位した頃は科学技術の急速な発展が造船や航海に大きな変化をもたらした。しかしトルコ海軍の技術力ではこの変化に対応できず、科学技術の先進国、特にイギリスの助けがどうしても必要だった。即位当時、トルコの軍艦とスルタン（イスラーム王朝の君王の称号）の御召艦の機関長と副長とはすべてイギリス人だったという。ところがアブデュルハミト二世時代にはイギリスとの関係が悪くなり、イギリス人技師たちを次々と解雇せざるを得なくなった。

また水兵や水夫、工員などはもともと〝海洋の民〟であるギリシャ人たちに負うところが大だったが、十九世紀以降、オスマン帝国領内で民族自立運動が高まり、一八二九年にはついにギリシャがオスマン帝国を離れて独立してしまった。ギリシャはエーゲ海や東地中海における強力なライバルとなってしまったのだ。これによって、トルコ海軍は有能な人材を得る術をなくした。オスマン帝国臣民として領土内にとどまったギリシャ人もいたが、以前のような忠誠心は期待できなかった。ましてやギリシャ人は非ムスリム（キリスト教徒）である。

このギリシャ人問題も、つまり、ギリシャからの人材の確保の困難とギリシャ人の忠誠心への疑問も、アブデュルハミト二世が海軍を二十年にわたって封印した大きな理由の一つといっていいだろう。

この他に列強と直接軍事的に対峙することを避けるという狙いもあったようだ。列強の圧力と民族主義運動の高揚のためオスマン朝は崩壊の危機に瀕しており、その危機を乗り切るためには列強と事を構えるつもりがないことを海軍の封じ込めで示しておく必要があったのである。

一八九七年のギリシャとの戦争では、こうしたトルコ海軍の惨状がよりあからさまになった。かつて偉容を誇ったトルコ海軍は二十年ぶりにイスタンブールの金角湾を出発したものの、湾を出ないうちに主力艦のひとつメスウーディィエ号が八基の機関のうち三基を破裂させた。最新鋭艦のハミディーエ号もなぜかひどく浸水し、あまつさえポンプも使用不能になって、船底にたまった三〇〇トンの海水を四〇〇人の水兵たちが総掛かりで二十日間、昼夜を問わずバケツで汲み出すという有り様である。ようやくダーダネルス海峡に出て艦砲射撃の訓練をすればわずか数発撃っただけでたちまちオスマニーエ号、ハミディーエ号、アズィズィーエ号といった主力艦のほとんどの艦載砲が台座から吹っ飛んで使用不能になってしまった。戦争は幸い陸軍の電撃作戦でわずか一カ月でオスマン帝国の完勝となったため海戦には至らなかったが、これでは戦争どころではなく、列強諸国が失笑したのも当然だ。

オスマン・ベイ大佐

話を戻すと、皇帝の指示によって日本への派遣団を組織したのは当時の首相キャミル・パシャ。一八八九年二月二日、このような布告を出した。

「陛下の思召により、土耳其海軍兵学校の卒業生は、さらに其の知識を磨き、広く海外の事情に通ず事を必要とす。其の既に習得せる理論を実地に応用する事はきわめて緊要の事なりとす。ゆえに今回、右の目的達成のために海軍兵学校の卒業生を中心として練習艦隊を組織し、インドシナ及び日本に派遣する事とせり。出発の時期及び軍艦の選定につきては海軍大臣ハッサン・フスニー・パシャに一任す」（内藤智秀『オスマン・パシャの横濱へ上陸する迄』）

日本への派遣艦について最初は装甲艦アーサール・テヴフィク号を有力視する向きもあったが、海軍大臣のボズジャアダル・ハッサン・ヒュスニュ（フスニー）・パシャが選んだのはエルトゥールル号だった。一八八九年二月二十六日、彼は、アブデュルハミト二世に「木造フリゲート艦エルトゥールル号は航海の目的に適していて、必要な各種の準備はすでに完成しているので、四月初旬に出帆するのが最も適当と思います。艦長その他の乗組員等は追って選定の上推挙いたします」と上奏している。

遠洋航海の訓練を兼ねていたため、トルコ海軍兵学校をこの年卒業する海軍士官候補生一五名も乗せることになった。

この計画は勅許を受けたものの、しかし予定の四月になってもエルトゥールル号は出発できなかった。前述のように、木造の老朽艦では不安だという声が専門家の間に起こったためだ。たとえば当時エルトゥールル号の機関長だったハーティー・ベイというイギリス士官（大佐。イギリス海軍からトルコ海軍に出向していた）は「エルトゥールル号のイギリス製蒸気釜は古く、せいぜい八ノットか九ノットしか出せない」と反対した。ハーティー大佐はイギリス海軍から諜報任務も帯びており、カリフ統治強化のための航海に同行するのは好ましくないという事情もあったようだ。そのためトルコ海軍はやむなくハーティー・ベイを他の小さな艦船に転任させたが、こうした危惧の声を払拭するのに時間がかかり、出発は二度も延期せざるを得なかった。海軍はこの成り行きにあわて、調査委員会まで作って「同艦は安全だ」と強弁、さらには司令官に海軍大臣ハッサン・ヒュスニュ・パシャの娘婿であるエミン・オスマン・ベイ大佐を選んで、七月十四日、ようやく出航の運びとなった。外国語に堪能で海軍将校としての技能にも秀でている、というのがオスマン・ベイ大佐を選んだ理由だった。

司令官であり、また使節団長として明治天皇に拝謁して大勲位勲章を贈呈するという任務を帯びたオスマン・ベイ大佐は、一八五九年イスタンブール（オスマン帝国内ではまだコンスタンチノープルというい方も残っていた）生まれで当時三十歳。シノプ海戦での勇将オスマン・パシャの孫である。シノプ海戦というのは一八五三年十一月、クリミア戦争の際に起きた戦い。黒海に面したシノプ湾にオスマン帝国の主力艦隊が集結しているのを発見したロシアのナヒモフ提督の小艦隊は、いったんは黒海の対岸のセバストリーポリ方面に立ち去った。それを見たトルコ軍指揮官のオスマン・パシャは、「ナヒモフは必ず戻ってくるに違いない」と考え、快速のフリゲート艦をボスポラス海峡に急派、援軍を求めた。しかし援軍の来る前にオスマン・パシャの推測どおりナヒモフは大軍を率いて引き返してきた。そして七二〇門の砲でトルコ艦隊及びシノプ沿岸の要塞に集中砲火を浴びせ、トルコ艦隊は一隻の補給船を残して全滅した。

オスマン・ベイは、そのトルコ軍指揮官、オスマン・パシャの孫に当たるわけだ。なお、『日土親善永久の記念―土耳其國軍艦　エルトグルル號』はオスマン・ベイを「プレヴナ要塞を死守せる有名なオスマン将軍の令孫」としている。一八七七〜一八七八年の露土戦争でトルコ側の数倍の兵力（およそ三〇万人）で包囲したロシア・ルーマニア連合軍を相手にプレヴナ要塞を五カ月間にわたって死守し（開城後捕虜になったが、サン・ステファノ条約ののち帰国）、敵からも賞賛された有名なオスマン・パシャ将軍（一八三二?〜一九〇〇）のことだが、これは別の人物である。ついでに触れておくと、先に紹介した明治の作家・東海散士は、谷干城と一緒にトルコに赴いた際、このオスマン・パシャ将軍に面会、プレヴナ要塞をめぐる戦いの話を聞いている（東海散士『佳人之奇遇』）。

出自はともかく、そのオスマン・ベイは海軍兵学校卒業後に軍艦レスモ号に乗り込み、二年後には副官になった。その後は装甲艦オスマン号の砲術長、練習船フダヴェンデキャル号の教官、パリのトルコ大使館付き海軍武官などを経て少佐になり、二十八歳のときに海軍大臣ハッサン・ヒュスニュ・パシャの長女と結婚した。夫人はトルコに名だたる美人だったといわれる。オスマン・ベイはアブデュルハミト二世の覚えもめでたく、一八八七年に中佐、翌一八八八年には早くも大佐に昇進している。

イスタンブール出港

エルトゥールル号はオスマン・ベイ以下六百余名の艦員を乗せて出発した。一八八九年七月十四日の日曜日のことで、壮行式典ののちイスタンブール港を出てリアンダー塔の前で戦旗を掲げ、乗組員全員が宮殿に向かい「皇帝陛下万歳」を叫んだ。金角湾を出る際、宮殿前で三十分間停船したあと出港、楽隊はマルマラ海（ボスポラス海峡とダーダネルス海峡に挟まれた海）に出るまでずっと海軍行進曲を演奏し続けたという。いざ出発したものの、しかし不安はほどなく現実のものとなった。出発して二週間後には水先案内人の不手際からスエズ運河で砂州に乗り上げ、翌日救助されたと思ったら今度は岸にぶつかり、舵を損傷してしまったのだ。

　スエズをようやく出発したのは何と約二カ月後の九月二十三日。ドックでの修理に時間がかかったこともあるが、本国では「もうこれ以上の航海は無理なのではないか」という議論があり、エルトゥールル号への指示が遅れたことも理由のひとつだった。また一説では予想外に高かったスエズ運河通過の料金が不足し、その工面がつくまでに時間がかかったともいう。オーストリアの武官であるギースルは次のような内容の日

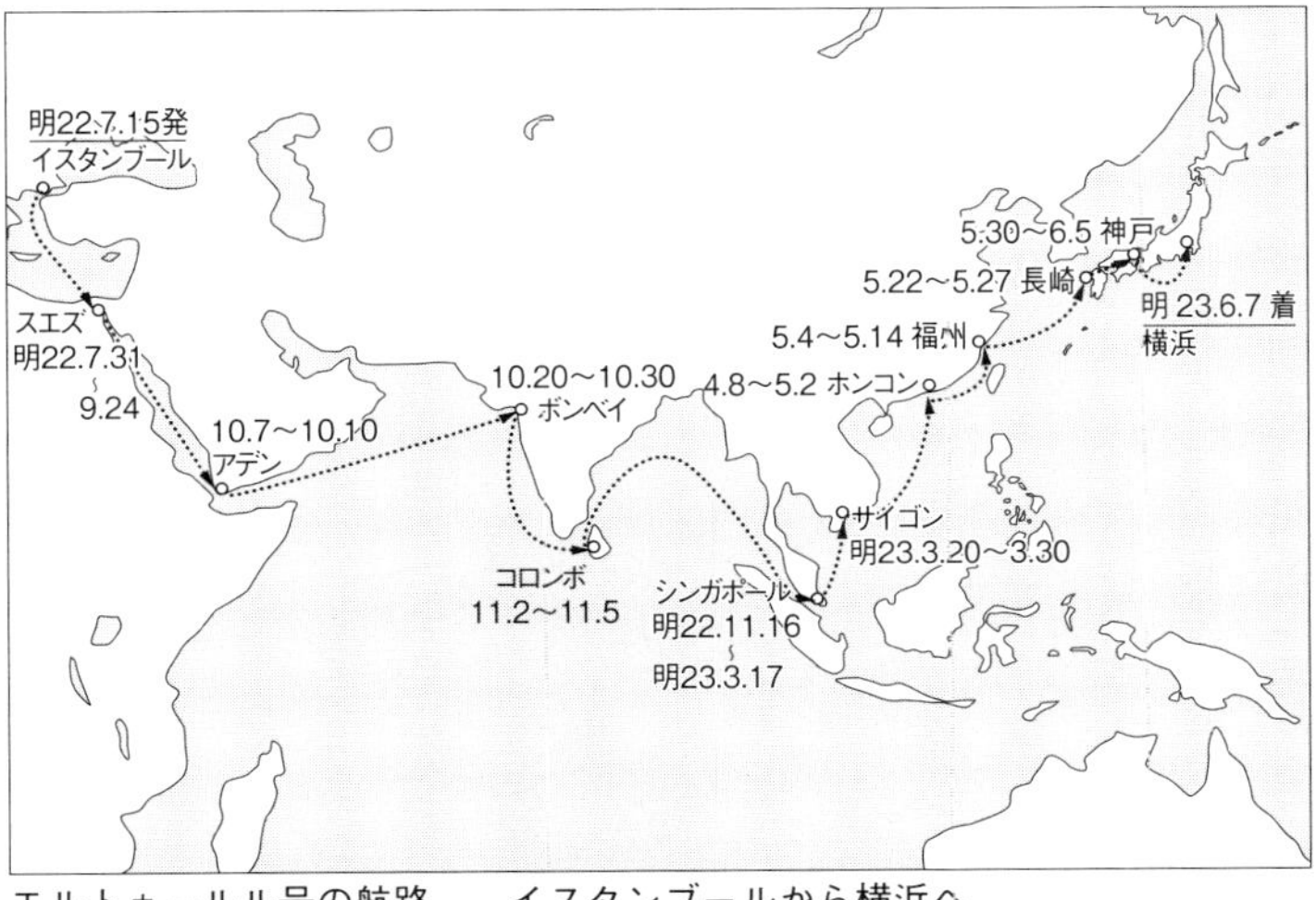

エルトゥールル号の航路　イスタンブールから横浜へ

記を記している（『オスマン・パシャの横濱へ上陸する迄』による）。

「エルトゥールルの航海は喜劇で始まって悲劇に終った。同艦がポートサイドに長滞在したのは運河通過の料金を所有していなかったためであった。幸いエジプトにいるトルコ代表委員がそれを支払ったため、同艦は無事シンガポールに向かって航海を続けることができた。シンガポールでも同艦は汽罐（ボイラー）を修理しなければならなかったが、軍艦の入港に必要な礼砲のための火薬を残していなかったので入港ができなかった。種々交渉の結果、商船として取り扱おうとしたが、入港税さえなかったので、これらの打ち合わせのため数週間を費やした」

ともあれ、エルトゥールル号は十月七日にアデン（当時はイギリスの直轄植民地。現在はイエメン共和国。紅海の入り口にある港）に到着、以降十月二十日ボンベイ（インド）、十一月一日コロンボ（当時はイギリス領だったセイロンの首都）に寄港、十一月十五日にようやくシンガポール（一八一九年からイギリス領。一九六五年に独立）に到着した。いずれの寄港地でも一行は整然と行動し、熱烈な歓迎を受けた。たとえばボンベイではインド（当時イギリス直轄地）の王族及びムスリム（イスラーム教徒）の高僧達はこぞってトルコの使節団を訪問し、ことにムスリム達はエルトゥールル号の将卒を熱烈に抱擁した。またコロンボでは市民が城内より歓迎の祝砲を発射し、エルトゥールル号を一目見ようと約二万人のムスリムが集まった。みんなトルコ使節団一行と抱き合って喜んだという。シンガポールでの歓迎ぶりはボンベイやコロンボ以上で、付近のイスラーム教諸小国の王族達はもちろん、ジャワやスマトラといった遠方の島々からもはるばる人々がやってきて、トルコ始まって以来の大航海を祝してエルトゥールル号に接吻する者も多かった。またエルトゥールル号の乗組員達は訪れたイスラーム教国では必ず現地のイスラーム寺院に参詣したため、各地のムスリム達は「アラーの神とカリフとしてのトルコ皇帝のために」兵士達と一緒になって祈りを捧げた。まさにアブデュルハミト二世の目論見どおりだったのである。

各地のイスラーム教徒の忠誠表明に感動したオスマン・パシャは妻への手紙の中で、

「人びとはまるで軍艦が寺院であるかのように、神への献身と愛をもって口づけする」

と記している。地元の新聞雑誌は、感動的な見出しをつけ、これを取り上げた。そうした状況を聞き及んだトルコ皇帝は、エルトゥールル号に次のような指示を送った。

「軍艦は新嘉坡（シンガポール）またはその付近を航海し、ジャワ島及びその一帯回教（イスラーム教）地方に寄港し、トルコの栄誉ある国威の威信を示すべし」（ウムット・アルク『トルコと日本』）

なおシンガポール到着をもってオスマン・ベイ大佐は少将となり、さらには提督に昇進した。爾来彼はパシャの称号を許されてオスマン・パシャと呼ばれるようになる。パシャというのはオスマン帝国における高官、高級軍人に与えられた称号だ。「将軍」というほどの意味だろうか。

だが、ここシンガポールでもまたエルトゥールル号の運命の歯車は狂っていく。

ここまでの航海でエルトゥールル号の船体の傷みがひどく、かなりの大修理の必要があったことから、オスマン・パシャは本国に対し、「予定よりも大幅に日程を超過したため、極東に向かうのに都合のいい季節風はすでにやみ、また石炭や食料も底をついている。船体修理にも時間がかかるため、本隊はシンガポールで休養し、オスマン・パシャ以下二、三名の士官だけが他の客船で日本に渡り、アブデュルハミト二世の御親書及び勲章を明治天皇にお渡ししたらすぐシンガポールに帰還するので、それを待って再びエルトゥールル号で帰国の途に就くことを許可されたい」と要求した。

もっともないい分で、もしこの要請が受け入れられていればのちの悲劇は回避されていたはずだ。だがアブデュルハミト二世の返事はノーというものだった。欧州各国の汽船はいずれも季節を選ばず常に日本と往来している。わが軍艦だけがこれを果たせないという理由があるのか――と娘婿のために斡旋しようとしたハッサン・ヒュスニュ・パシャ海相を詰問した。そこでやむなく当初の計画どおりエルトゥールル号で日本に行くことになったが、いかんせん船体の破損が著しく、修理には時間がかかった。必要な材料は市場で買い、船大工を入れて木造部分はようやく修理したものの、根本的に修理する必要があった機関室についてはほとんど手を入れなかった。そのためイギリス系の現地新聞などはエルトゥールル号の性能が劣っていることやトルコの資金不足についてあれこれ書き立てたものだ。結局、不完全な機関のままエルトゥールル号がシンガポールを出発したのは翌年三月二十二日。なんと四カ月間もシンガポールに足止めされていたのであ

オスマン・パシャ

る。

その後も航海は順調には行かなかった。サイゴン（ホー・チ・ミン市の旧称）に立ち寄って薪炭を購入（三月二十日）、香港に向かったものの暴風に遭遇してサイゴンに引き返し、十日後（三月三十日）に再びサイゴンを出立したが、航行四日目にまた嵐に見舞われた。なんとかやり過ごして香港（イギリス直轄植民地）に辿り着いたのは四月八日。ここではイギリス官憲から大歓迎されたこともあって一カ月近く投錨し、五月二日に出発したが、またまたひどい暴風雨に遭い、石炭も不足してきたため方向を転じて中国・福州に（五月四日）。ここでさらに十日間滞在し五月十四日にいよいよ長崎に向かった。途中、やはり激浪に悩まされたが、五月二十二日になって長崎に到着。出発は二十七日だが、その後は海路も穏やかで、神戸（五月三十日着、六月五日出港）を経て二日後の六月七日、ついに横浜港に到着した。前年七月十四日のイスタンブール出発以来、およそ十一カ月間という大航海であった。

歓迎

明治天皇は到着前の五日、式部官丹羽龍之助を接伴掛に任命した。式部官とは祭典や儀式、接待などをつかさどる官である。また一行の宿舎を鹿鳴館に決めた。鹿鳴館は周知のように井上馨が中心となって内外人交歓の場として造った建物だ。華族や外国要人たちを招いて夜会や舞踏会が華やかに行われたが、この一八九〇（明治二十三）年からは華族会館として利用されていた。

エルトゥールル号は六月七日午前九時三十分に新月形の司令旗を朝日に翻して横浜港に入港。投錨して、すぐに二一発の祝砲を放ち、さらに日本海軍の高千穂に対しても一三発の礼砲を放った。それにこたえて神奈川県の砲台と高千穂からもそれぞれ答砲を放った。その後、出張してきた接伴掛丹羽式部官、三宮外事課長、高橋外務属らが小蒸気船でエルトゥールル号を訪問し、使節オスマン・パシャをはじめアリ・ベイ艦長らに面会、今回の来朝を謝している。

アリ・ベイ艦長

このとき、『東京日日新聞』の記者もエルトゥールル号に乗り込んで、士官の案内で艦内を見聞し、「同艦は三本帆柱のフリゲート艦で外装は黒塗りである。舳部はわが海軍の筑波に似ていて、艫部は龍驤に似ている。建造は一八六三年とのことなので、今から二八年前にできたものだ。乗組員は使節、艦長、副艦長を除いて士官二〇人、士官候補生一五人、職員一〇人、水兵五五〇人、都合六〇〇余人で、トン数は一七五〇トン、馬力一六〇〇馬力、速力一〇ノットだという。またその長さは七六・二メートル（二五〇フィート）、幅一五・二メートル（四九フィート）、平均吃水二三フィート七インチで、木製である。楽隊は英国風と見受けられる。また士官および水兵の服装は大半わが国に似ているが、帽子は縁《へり》なしで、赤羅紗の釜形帽である。兵制もなかなか整頓して室内もまたよほど清潔であるように見える。特に兵士は至極丁寧温和のようだ」と報告している。

記者はさらに、同艦は三週間滞在の見込みで、オスマン・パシャやアリ・ベイ艦長らは来る十日に上京し、勲章を陛下に奉呈する予定と記事に書いている。

しかし三週間という当初の滞在予定は大幅に狂った。以下、もうしばらく同艦およびオスマン・パシャ一行の様子を追ってみる。

この六月七日の到着のあと、鹿鳴館を宿舎とするオスマン・パシャ使節団とその随員を除いた水兵や船員たちは、数日間上陸しなかった。水兵の多くはイスラーム教徒で酒を飲まず、豚を食べないため、他国の水兵から比べると品行方正。需要を当て込んでいた横浜の洋酒店営業者は大いに失望したようだ。

オスマン・パシャと随員は六月十二日、接伴係の丹羽式部官に伴われ、宮内省差し回しの馬車で上野の美術展覧会の見物に訪れ、展覧会会頭・佐野常民子爵の案内で出展作品の説明を受け、休憩所では茶菓を供された。そのあと同所で開かれていた内国勧業博覧会も見物した。この日のオスマン・パシャは緋色のトルコ帽を被り、衣服は西洋式の正装だった。そしていよいよその日の午後六時半に皇居へ。

オスマン・パシャは随員のアリ・ベイらを率いて参朝した。天皇は鳳凰の間で引見。オスマン・パシャはトルコ皇帝の命令を言上し、親書とトルコ国最高のイムチャズ勲章を天皇に捧呈。また、国産煙草及び金剛石入りの煙草器具一式・菊花紋章附金絲縫取卓被を贈呈した。

アブデュルハミト二世の親書の内容は、「陛下の政府とわが政府との間に現存する親密な関係を広げることを望み、特別の誠意と誠実な友誼を表わさんとして、わが帝国の最高の勲章イムチャズを陛下に贈呈するために、海軍少将侍中武官オスマン・パシャを特派しました。陛下、願わくはこれを嘉納し、至良貴重なる友愛の意を与えられんことを」というものだった。

また、オスマン・パシャは明治天皇に勲章を贈呈した際にトルコ語でスピーチを行っている。その内容はこうだった。

「陛下

謹んで陛下に帝国金剛石大勲位証書および勲章を贈呈いたします。これはオスマン帝国最高の勲章であり、わが君主の深い共感と誠実な友情の確たる証として、陛下にお贈りするものであります。わたくしは、陛下のご多幸とお国のご繁栄をお祈りする役目を、わが君主より仰せつかる名誉に浴しております。陛下のご庇護のもと大日本帝国が遂げた驚くべき発展に、スルタン陛下は大きな関心を寄せられ、自らの手本としております。また陛下は、貴国のご発展が今後も続くことにより、両国の完全な友好関係が誕生することを望んでおります。

それゆえ陛下、陛下に対する栄誉ある喜ばしい任務を命ぜられたことを、わたくしが自身にとって何よりの幸福、身に余る光栄と考えていることを信じていただきたく思うのであります」（『トルコと日本』）

天皇は親書と勲章を受け取り、オスマン・パシャに勅語を賜い、「貴重なる勲章は貴皇帝陛下懇篤なる友誼の彰表として永く之を佩用せん。且両国の交誼是れより益々親密ならんことを信ず。卿宜しく朕が誠意を伝奏せよ」と告げ、また国産品の贈り物に対しても礼を述べた。

その後皇后が桐の間でオスマン・パシャと随員を引見し、オスマン・パシャらは控所の西溜の間に退いた。

天皇は、侍従長の徳大寺實則を遣わして、オスマン・パシャを勲一等に叙し、旭日大綬章を贈与した。また、随員一同にも勲章を贈っている。その詳細は、エルトゥールル号艦長アリ・ベイに勲三等旭日中綬章、同艦艦長代理海軍大佐ジェミル・ベイに勲三等旭日中綬章、海軍機関大監イブラヒム・ベイに勲三等旭日中綬章、同フスニー・ベイに勲三等旭日中綬章、副艦長ヌリ・ベイに勲三等旭日中綬章、海軍少佐メーメト・ベイ、同オメル・ベイ、海軍機関士アーメト・ベイに勲四等旭日小綬章、メーメト・レシャト・ベイ、アリフ・エフェンディ、ターシン・カプタンにそれぞれ勲五等雙光旭日章である。

午後七時十五分になって天皇は贈られたトルコ国勲章を佩御し、竹の間で使節一行と酒宴に臨んだ。陪食を仰せ付けられたのは彰仁親王、貞愛親王、大山陸軍大臣、土方宮内大臣、青木外務大臣、樺山海軍大臣、徳大寺侍従長、柳原元老院議長、岩倉爵位局長、鍋島式部長、三宮外事課長、接伴掛丹羽式部官、トルコ特派公使アドミラル・オスマン・パシャ、随員アリ・ベイ艦長、同ジェミル・ベイ、インジニール・イブラヒム、ドクトル・フスニー・ベイ、ナオリー・ベイ、リウナント・リシャッド・ベイらである。

天皇はオスマン・パシャに日本までの航海の様子を聞き、彰仁親王がトルコを訪問した際のもてなしを謝した。また、一八七八（明治十一）年にコンスタンチノープル（イスタンブール）を訪問した日本の練習艦隊軍艦清輝（八九七トン）のことを話題にし、「トルコ国軍艦がわが国に来りしは貴艦を以て初とするが故に、之を機として爾後両国交通の益々繁盛ならんことを冀（こいねが）ふ」と語るなどした。晩餐が終わると、一同は千種の間に移り、コーヒーを飲んで、天皇は九時十分内裏に入った。オスマン・パシャ一行も帰っていった。この日宮中が喪の期間だったので、食事のとき楽曲の演奏はなかったという。

こうしてオスマン・パシャの大役は終わり、あとは無事に帰国するばかりになったということで、さすがにほっとしたのか、その後は友好親善のため横浜停泊中の各国軍艦のボートレースに乗組員を出走させたりしている。六月二十九日の短艇競争がそれで、日本、トルコ、イギリスから十数隻が参加、トルコの短艇が見事に一位となり、イギリスチームを悔しがらせている。まだまだ乗組員たちは元気いっぱいだったのだ。

ちなみに、エルトゥールル号およびオスマン・パシャ一行を、当時の在日外国人たちはどうみていたのかというと、フランス人やロシア人などはおおむね好意的だったようだが、イギリス人だけは違っていた。オスマン・パシャが本国に送った書簡から、それがうかがえる。彼は、「日本にいるイギリス人、特に英字新聞が自分をあしざまにいうし、また、日本人はあまりに我々を敬愛するがゆえに、イギリスはかえって我々を羨み、日本人が我々を賞賛すると、イギリス人は我々の悪口をいう」

と憤っている。一方、「在東京ロシア大使とドイツ大使はトルコ国の将校と水兵がよく訓練されているのを褒めているので、自分も名誉に思う」とうれしそうである。

ロシア大使とは長時間にわたって話をしたようだ。大使は、オスマン・パシャが帰ろうとすると、戸口まで見送り、フランス語で「親愛なる将軍よ、もし貴下がこの仕事に成功を収めれば、貴下の父君のオスマン・パシャの名誉はいっそう高まる。私はこの面会を幸福とし、貴下の幸福を祝賀します」といった。これに対してオスマン・パシャは「閣下のご厚意は感謝するも、私はプレヴナ要塞の英傑オスマン・パシャ元帥の子孫ではありません。シノプ海戦に令名あるアドミラル・オスマン・パシャ提督の孫です」と答えた。

すると、ロシア大使はオスマン・パシャの手を取り、「それなら大なる間違いではなかった。シノプの勇将であるご祖父もまた私は尊敬しています」といい、その後、他の大使館でもロシア大使がその話を説明したため、オスマン・パシャは「各国の外交官はいずれも自分の一族について知るようになった」と喜んでいる。

そして「ロシア大使がこのように好意的なのに、日本にいるイギリス外交官の中には、これまでの航海で知り合ったシンガポールやアデン、香港の知事、さらにはイギリス司令官サー・サムソンのような人物が見当たらないのは驚くべきことである」と嘆いている。

ついでにオスマン・パシャの人柄に触れておく。オスマン・パシャという人は「軀幹長大眉目俊爽」（『神戸又新日報』明治二十三年九月二十五日付）かつ、きわめてもの静かな人で、振る舞いが優美であるばかりでなく、無作法なことや荒々しいこととはほとんど無縁だったようだ。いろいろな公共施設を見学するにも他の外国人と違ってあれこれ物珍しげに質問することなく、終始静かに説明を聞いていた。また欧州諸国では彼らトルコ兵のかぶる赤い帽子を人々がジロジロと無遠慮に見、ことに子ども達はわいわい悪口をいいながらついて歩くため不愉快な思いをすることが多かったが、日本では一切そういうことがなく、山水風景が故国のトルコに似ていることもあって、いたく日本滞在を喜んでいたという。

コレラ発生

こうして、いよいよ帰国の運びとなるはずだったが、ここでエルトゥールル号の乗組員の中にコレラ患者が出た。

当時の日本では、折しもコレラが大流行していた。六月二十七日、長崎でコレラ患者が出た（ドイツ艦船）のを皮切りに、コレラ禍は九州から本州へと広がってきていたのだ。当時の新聞を見ていると連日コレラ発生の記事が続き、しかもどんどん発生場所が東の方に迫っていくのがよくわかる。特に被害が集中したのは東京と大阪で、「流行は翌年まで及び、統計によれば患者数四万六〇一六人、死者三万五二二一人（致命率七六・五％）を数えた」（中央防災会議『1890 エルトゥールル号事件報告書』）とある。

エルトゥールル号に最初のコレラ患者が出たのは七月十八日。アブドゥッラーなる水兵が横浜市内を散歩、ラムネなどを飲んで帰ったあとにわかに発症、その日のうちに死亡した。翌朝、エルトゥールル号から神奈川県庁に報告があったため県庁から係員が赴くと、死体及び衣服はすでに石炭酸水で消毒してあった。県庁の官吏は火葬にすること、及び長浦消毒所に回航することを勧告したものの、エルトゥールル号側は宗教上火葬が認められていないことを理由に火葬を拒否、軍人の作法どおり水葬にしたいと主張した。また長浦消毒所にエルトゥールル号を回航することも本国の指示がないと拒んだ。長浦（横須賀市）消毒所というのは今でいう検疫所で、一八七九（明治十二）年に設置された。その後横浜に移転（長浜消毒所）、改称（横浜検疫所）されたのち、現在の横浜市中区に移転している。

そこで県庁の官吏は神奈川県お雇いの医師、ドクトル・ウィラー（山手海軍病院）に意見を求めたところ、十分に消毒した上で強い帆木綿の袋に入れて海岸から七、八マイルも離れたところならば水葬に付しても問題ないだろうということだったので、そのとおりに丈夫な帆木綿の袋に遺体を入れ、さらにそれをトルコ国旗で包んで観音埼灯台の沖合およそ八マイルの海底に重しを付けて沈めた。検疫官のほかエルトゥールル号から士官二名、水兵一五名が神奈川県庁所属のボートに乗り、水葬に当たった。死体は四人掛かりでようやく運ぶほど重かったという。

この水葬がのちに大きな問題になる。病原菌が魚を介して人間の体内に入り、コレラに感染するのではないか、という懸念が生まれたのだ。『時事新報』などでは七月二十一日に「水葬を恐る」という一般人からの投書を載せているし（ちなみにエルトゥール号でのコレラ発生の報道は七月二十日付の『時事新報』が最初だった）、『東京朝日新聞』はこの問題を社説で取り上げて（明治二十三年七月二十四日）非難しているほどだ。

水葬に立ち会った一行は長浦消毒所で徹底的に消毒を施されて帰還、エルトゥール号は陸地との交通を断ち、食料購入のときだけ許可を得て上陸するということになった。その場合も巡査がついて買い物以外の場所には近づけないように徹底された。

しかし、コレラ禍は終わらなかった。七月二十日の午後、士官が上陸、また艦内にコレラ患者が出たとして検疫官の出張を要請してきたのである。そこで県庁の土橋書記官はドクトル・ウィラー及び横浜十全病院の広瀬佐太郎医師を伴ってエルトゥール号の病室に入ってみると、下痢する者五人、また嘔吐する者もあり、これはコレラの疑いが濃厚だというので、オスマン・パシャに対して消毒のため長浦に回航するように強く要求した。ここに至ってオスマン・パシャもやむなく長浦回航に同意し、翌二十一日早朝に長浦に入港した。

しかし前日発病した者のうち早くも一人が死亡、前回と同じく水葬に付すことを申し出た。ただし水葬場所については今回は観音埼灯台より一二マイルのところだった。また、コレラの疑いが濃厚な一二人の乗組員を、長浦消毒所内の隔離室に、下痢または他の病気の者二四人を同所内の停留所（消毒室）に収容した。艦内に置いたままだと、他の乗組員に感染する恐れがあると心配したオスマン・パシャの依頼によるものだ。さらに、乗組員及び携帯品の消毒を開始。艦内はいくつかに区分けされ、それぞれが徹底的に消毒された。

翌二十二日になって、東京衛生試験所長の中浜東一郎が内務省から派遣されてきた。彼はまず横浜に赴いて十全病院に行き、広瀬医学士が作成したコレラ患者（トルコ人及び七月二十日、二十一日に横浜市内でコレラを発症した日本人）の排泄物のプレパラートを顕微鏡でみてコレラ菌を確認、横浜衛生試験所に立ち寄って排泄物の検査に必要な顕微鏡などの器具を借りた上で広瀬および十全病院の吉益医師を伴って午後七時四十分の列車で横浜を出発、同九時に横須賀に到着、さらに小舟を雇っておよそ三十分後に長浦に着いた。着後は直ちにドイツ語ができる楽隊員のひとりを呼んでエルトゥールル号乗組員の状態、コンスタンチノープルから日本までの航路、患者の有無、飲食物はどうなっているかを質問、彼を通訳として広瀬とともに停留所、隔離室などの巡視を始める。

中浜はまず停留所を先に巡視した。隔離室のコレラに接した後に停留所に行けば、病毒を伝搬する恐れがあるからだ。停留所を巡視した頃は最早夜半を過ぎ、そこに入所している者は皆眠りに就いているると思い、なるべく安眠を妨げないようにと注意したが、トルコ人が十数人集まった騒々しい一室があった。近寄ってこれを見ると、五、六人のトルコ人が入っているその一室の蚊帳の中で一人がにわかに吐瀉したということで、騒いでいたのである。彼らに付けておいた小使いはトルコ語はわからず、乗組員もまた日本語を解さないので、いっそう騒動となっていた。

中浜は直ちに患者を診たが、吐瀉、腓腸痙攣などコレラの症状が見られたので、すぐに隔離室に移して治療。看護の方法も伝えたが、残念なことに、薬石効を奏せず、翌二十三日に死亡した。

この患者の傍らに、衰弱のためかほとんど身体を動かせない者がいた。中浜が診ると、かなりの弱りようで、言語も明瞭ではない。中浜は彼も隔離室に移し、他のトルコ人には十分消毒するようにと指示した。この日、艦から停留所に移された乗組員の数は四〇人にもなっていた。

この段階での隔離室の状況はどうだったのかというと、重症者五人、軽症者二人、及び真性のコレラとは確定しがたいが、病のために衰弱が甚だしい者五人、都合一二人が収容されていた。患者一人に一室をあてがっていたが、これほどの人数が隔離室に入ったのは長浦消毒所建設以来初めてのことだった。

看護人のすべてが熟練していたというわけではなく、特に言語不通なので万事不便で、患者の中にはまだ夕食を食べていないので薬剤よりは食事を希望する者も少なからずいて、また、大半が水または氷をほしがった。もっともなことだと考えた中浜らはできる限り食物、水、氷を与えた。

隔離室の検診で最後に診た患者は、コレラの症状はないが、衰弱が甚だしいので隔離室に移した者だったが、中浜らが室内に入ったときは、大量に吐瀉し、それが便器の外にあふれて床を汚していた。彼の吐瀉物と排泄物を見ると、あきらかにコレラ患者のもので、治療の甲斐なく、翌二十三日死亡した。

中浜は回診を終えた後入浴し、麦酒を一杯飲んで一息ついた。時計を見れば二十三日午前三時となっていた。

以上の中浜の行動は、彼が『衛生新誌』に書いた記事をもとに再現した。『衛生新誌』は一八八九

（明治二十二）年三月二十五日、中浜東一郎が仲間の森林太郎（森鷗外）らとともに発刊した公衆衛生に関する専門雑誌である。

中浜は一八五七（安政四）年七月七日、万次郎、鉄の長男として江戸に生まれた。一八七二（明治五）年、横浜十全病院で医師セメンズの通訳を兼ねて医学を修め、翌年に第一大学医学校に入学。第一大学医学校は一八七四（明治七）年に東京医学校と改称、さらに東京開成学校と合併して東京大学（明治十九年には帝国大学）になる。中浜はその東京大学医学部を一八八一（明治十四）年に卒業。森林太郎は同期生だ。のち森らとともにドイツに赴き、ミュンヘン大学で学ぶ。一八八九（明治二十二）年に帰国し、内務省衛生局勤務となり、東京衛生試験所長に就任。以降、猖獗をきわめたコレラや天然痘の調査、防疫対策の最前線で活躍した。父の万次郎は一八四一（天保十二）年に土佐から漁に出て漂流、アメリカ船に救われてアメリカで教育を受け、帰国（一八五一年）後は土佐藩、ついで幕府に仕え、さらにのち開成学校教授を務めた、かのジョン万次郎である。

その中浜東一郎は二十三日も早朝からエルトゥールル号のコレラ患者の排泄物を検査、「真性コレラと断言しても不当ではない」と、その旨を内務省に連絡（電報）し、そのあとオスマン・パシャ及び一等医フスニー・ベイから面会を求められ事務所の休息所で両名と会談、エルトゥールル号に発生したのは間違いなく真性のコレラであり、日本政府がこれまで同艦にほどこした処置はトルコ人たちのためやむを得ず取ったものであることを説明、また患者の手当てはできうる限り全力でやることを約束している。さらに中浜はオスマン・パシャとともにエルトゥールル号に行って巡視している。

オスマン・パシャは中浜に感謝の意を伝え、後日東京に戻るようなことがあったら一緒に食事をしようと申し出たという。

運命の時

このコレラ事件でエルトゥールル号の帰国は大幅に遅れた。結局一二人の乗組員をコレラで失い(このほか肺結核でもひとり死亡した)、やっとの思いで長浦消毒所を出発したのは九月十五日正午のことである。六月七日の横浜到着からすでに三カ月以上経っていた。ボイラーの修理をする必要もあったが、本国からの指示で台風シーズンにもかかわらず、あえて出帆した。日本当局はエルトゥールル号が古い木造艦であることから、徹底的に修理した上で帰路につくようオスマン・パシャ提督に強く勧めたが、本国からは帰還費用も乏しい上に予定を大幅に遅れたために一日も早い帰還を命令してきており、オスマン・パシャとしてもこれを無視することができず、目下の日本が台風シーズンであることを十分に承知しながら、日本当局の勧めを謝絶して出発を強行したのだ。

長浦を出て神戸に向かっていたエルトゥールル号と、この日、日本海軍の練習艦である比叡及び金剛が遠州灘沖ですれ違っている。そのうちの比叡には、のちに日露戦争の日本海海戦でバルチック艦隊に対する迎撃作戦を立案、勝利に貢献した秋山真之が乗艦していた。有名な「敵艦見ユトノ警報ニ接シ、連合艦隊ハ直ニ出動、之ヲ撃滅セントス。本日天気晴朗ナレドモ波高シ」という電文を起草したのも秋山真之である。秋山はこの年海軍兵学校を首席で卒業、少尉候補生として比叡に乗り込んだばかりだった。そのときの情景を司馬遼太郎は代表作のひとつ『坂の上の雲』でこう描写している。

……卒業は七月である。と同時に少尉候補生になり、練習艦隊に乗り組んで実地の訓練をうけるというのが海軍教育のしきたりであった。

練習艦隊には「比叡」と「金剛」がえらばれた。どちらも明治十一年に英国から買い入れた姉妹艦で、二二八四トン、この国のこの時期の海軍では有力艦としてかぞえられていた。

練習は、遠洋まで出ない。

日本沿岸をまわる。七月、江田島を出航してさまざまの練習をかさねつつ、太平洋岸を東にむかっていたとき、遠州灘で外国船とすれちがった。

旗によって、トルコ軍艦とわかった。艦名はエルトグロールと言い、日本に国交親善の使節をおくるべく来航し、いま帰国の途につこうとしていた。

「トルコは極東のシナとともにアジアにおける一大民族であるが、マホメット教を信じるがために風俗はいちじるしく異なる。その皇帝アブズル・ハミド二世はトルコ国を近代化すべく努力しておられるが、わが明治十年から翌年にかけてロシアと戦争し、敗北した。このため領土ははなはだ小さくなったが、なお大国たるを失わない」

と、比叡艦上で教官が講義した。

（中略）比叡、金剛は、横須賀に入った。

九月に入って台風が多くなり、出航できなくなった。とくに十六日は大いに吹いた。この九月十六日の台風で、意外にも例のトルコ軍艦が紀州沖で沈没した。

猛烈な嵐の中、ついに悲劇は起きた。そのときの状況はどうだったのか。メフメト・アリ・ベイ少佐ら生存者がのちに駐イスタンブール日本大使館の内藤智秀に語ったものやその他の証言によると、おおむね次のようであった。

当日の午前は天気晴朗だったが、正午頃からにわかに風の様子が変わり、夕方になると猛々しい風が側面から吹きつけ、エルトゥール号を激しく揺さぶった。夜になると今度は正面から暴風が吹き寄せ、帆の力を借りる艦は航行困難となった。その上、波濤が猛威を振るい、ついにメインマストが根元から折れてしまった。残された帆縄のみではどうしようもなく、艦は風と波のなすがままになり、上下左右に激しく揺れ、釘がゆるんで木片が外れ、吹き飛ばされた。

そのうちに石炭庫内へ浸水した。水兵達は太平洋上の暗夜の暴風雨と闘いながら、片手にランプを持ち、片手には鉄槌を持って応急の処置をしていたが、ランプはすぐに吹き消される有り様で、思うように働くことができない。将校達も水兵とともに縄で応急処置をし、また石炭庫の水をポンプや鍋の類で必死にかき出した。

この状況で艦長や乗組員たちが考えたことはただ一つ、避難のため早く港に入ることであった。横浜へ帰港するか神戸に向かうかの二つに一つなのだが、そのときの位置はちょうど横浜と神戸の中間くらいであった。横浜へは長く滞在したので早く神戸に向かうことに決まったが、風はますます激しくなり、しきりに石炭を焚くものの、なかなか前には進めない。乗組員はひとかけらのパンを食べることはもちろん、水さえ飲む暇もなく働いた。そして艦は紀伊大島の灯台のところまで来た。

そのとき、これまでで最も激しい暴風雨が艦を襲った。艦の浸水はますますその量を増し、舵は壊れ、ついには機関部を浸すに至り、この際スチームパイプの爆発で八人の機関士が死亡。艦は暴風と荒波に身を任せるしかない状態となった。

十六日午後九時半、右舷に大島の岬が蛇のように水平線上に見えた。この付近は暗礁が多いことを知っている乗組員たちは、灯台の光を見つめながら、運転不能の状態のまま暗礁に突き当たる艦の運命をただ見守るのみであった。樫野埼灯台の東方約二マイルのところである。

「船員一同は狂人のごとく不動なるあり、あるいは怨恨のあまり歯を食いしばるものあり、あるいはまた絶望のため、火を、火をと呼ぶものもあって、ただすべては最後の時を待つもののごとくであった」（『日土交渉史』）

司令官オスマン・パシャと艦長アリ・ベイは他の士官とともに甲板で平静に将卒を指揮しながら、風の静まるのを待っていた。なす術がなかったのである。艦の動揺はあまりにも激しく、中には左舷から右舷へ、また左舷へ、そして舳先から船尾へまで転がされる者さえあった。

このようにして、艦は大島の浅瀬の間にある「人食い動物の歯の中」（メフメト・アリ・ベイの証言＝古来航行の船から恐れられた「船甲羅」という難所）へと突進し、岩礁に激突。大爆音と共に中央部分から真っ二つになり、わずか五、六分のうちに粉々になって荒れ狂う波の上に散乱したのである。艦の両側には八隻の救命ボートがあったが、それを降ろす時間もなかった。仮にボートに乗り移れても、軍艦を弄ぶほどの暴風雨の中ではひとたまりもなかったろう。

この爆発のとき後甲板にいたアリ・エフェンディは、まるで落雷にあったかのように艦の木片が四散する様子を見た。そして、いよいよ船体そのものがバラバラになろうとするとき、浸水を免れていた上甲板に避難していた多くの乗組員達が岸まで泳ごうと海に飛び込み、散乱した大きな木片に挟まれ、最期を遂げる様子を目の当たりにした。アリーはその場に止まっていた。甲板が浸水して立っていることができなくなるまで動かずにいた

遭難現場

彼も、ついに波に流されて海に投げ出され、傷つきながらも必死に陸に泳ぎ着いた。

オスマン・パシャはどうしたか。生き残った乗組員が神戸で新聞記者に語ったところによると、オスマン・パシャは沈没時、艦長や航海長などと同じく死を覚悟したようで、艢（とも）から荒れ狂う海に身をおどらせたという。これを見た伝令士のひとりが助けようとヤード（帆桁用の棒）を差し伸べたが、浮き上がっていったんはヤードに取り付いたパシャは、そのとき目を見開いてすぐに手を放した。伝令士は声を限りに「つかまってください！」と呼びかけ、二度三度とヤードをのばしたが、その都度パシャはあえて手を放したという（『時事新報』）。

暗闇の暴風雨の中での出来事である。間近で起きていたエルトゥールル号のこの悲劇を灯台の職員も大島の住民も目撃することはなかった。

こうして沈んでいったエルトゥールル号のわずかな生存者達は断崖を必死によじ登り、灯台に、あるいは通りかかった村民に助けを求めたのである。

第三章　救護Ⅰ

非常時の食糧も提供する

遭難の翌日の九月十七日までに、傷つきながらも、生きて陸に辿り着いたエルトゥールル号の乗組員は六九人である。そしてそれ以降、生存者は一人も発見されなかった。生き残った乗組員はほとんどが傷を負っていたが、村民や医師の献身的な働きによって、その後命を落とす者はいなかった。

十八日、沖村長や斎藤区長のもと、村民達による懸命の救護活動は二日目に入っていた。

午前十時には、樫野地区に収容されていた生存者のうち四五人が村民達の手によって大島地区の蓮生寺に船で移された。一七坪ほどの本堂の大龍寺や一〇坪半の校舎の樫野小学校では十分な看護を行うには手狭で、また、樫野地区は食料の調達、郡や県との連絡などいろいろな点でも不都合があったため、村役場がある大島地区に運んだのである。このときは大島地区の松下、川口両医師が付き添った。

蓮生寺は、大龍寺と同様、臨済宗の寺で、大島港を臨む高台に位置している。本堂は三二畳ほど、さらに二〇畳の庫裏が二つあり、廊下も加えれば、五、六〇人は十分に寝られる広さだった。当時住職は妻帯しておらず、これらのほとんどを負傷者の仮の病室にすることができた。

さらに、漂着した遺体の確認などのために、乗組員の中で比較的元気な士官、ママタリーとブラザーンほか二人を樫野に残し、十九日までにすべての生存者が蓮生寺に運ばれている。この段階で生存者の救護は大島地区に移り、これ以降、樫野地区ではもっぱら遺体や漂着物の捜索・収容作業が行われることになる。

蓮生寺での生存者への対応を指示すべく、一度大島地区に戻った沖村長は、医師の協力のもと、寺に収容した乗組員を怪我の程度によって分類し、それぞれ番号札を与えた。また、村民が数十人寺に詰め、受け持ちを定めて、看護にあたった。言葉は通じないが、負傷者の気持ちを汲み取るなどして、村民達はかいがいしく世話をした。沖は士官や元気な者に対しても人を付けるなどの便宜を図っている。そして、大島地区に移したこれらの乗組員の対応に関しては、ノルマントン号事件のときに活躍した木野仲輔大島村助役に託した。

この蓮生寺での看護はもちろん、遭難現場の樫野での救護活動の主役も大島村の村民だった。樫野地区の村民はもとより、十七日に事件を知ると、須江、大島地区の村民も、自分達の生活を中断して、生存者の世話に奔走してきた。

大島村民は半農半漁で生計を立てていて、村民の多くは海の男たちだった。遭難した者がいればどこの国の人間でも助けるのが当たり前で、何の打算もない。

助かった乗組員のほとんどが大島村を離れるのは九月二十日のことだが、村民達は、初期の救護活動だけでなく、この間も負傷者の運搬や医師の手当ての手助けをし、また、六九人の食べ物を賄うなど生活の面倒を見た。

しかし、村は決して裕福ではなかった。加えて、この年は食糧事情が悪化していた。『串本のあゆみ』には、その年の串本の食糧事情について「田園穀菜亦豊ならず加うるに春以来漁獲甚だ稀少、にわかに米価の暴騰を来たりしかば、村民饑に叫ぶ者、食を乞う者、日に相増し」と記されてある。大島村も例外ではなかったはずだ。

この頃の漁村では、非常のときのために、家の床下などに甘藷を蓄え、また、これも非常のときのために鶏を飼っていた。食糧事情が悪い中、村民達は自分達の明日のことは考えず、これら一切を六九人のために提供したのである。

樫野の村民の中に樫田文右衛門という男がいた。ブラントンによって作られた樫野埼灯台では、建設してからしばらくの間は外国人技師が灯台の運営にあたっていたが、彼はその外国人のもとで働いていたようだ。そのとき、洋食の調理を幾分か覚えていた。そのため、乗組員に提供する食事はもっぱら彼が担当した。樫田は、一九〇九（明治四十二）年二月にバタヴィア（現インドネシア・ジャカルタ）駐在のトルコ総領事が大島を訪れ、エルトゥールル号の乗組員の墓前に参り、その足で樫野埼灯台に立ち寄ったとき、総領事に十八年ほど前の遭難と救護の状況を詳しく話している。

衣類も食料同様に限りある中から乗組員達に与えた。六九人のほとんどが全裸に近い状態だったのだから、何かをまとわせなければならない。かといって衣類にも余裕があるわけではない。それでも村民は家にあるものを持ち寄って、彼らに着せたのである。浴衣、筒袖の丈が短いアッシ（木綿の半纏）、女性ものの単衣のほか、大人のものだけでは乗組員の数には足りないので、子ども用の着物まで着せた。これは丈が腰までもなかったが、裸のままよりはよかった。

これが村民達が物質的な面でできる精一杯のことだった。後は自分達の体を使って、救護に取り組むのである。

村民のこのような献身的な行為は乗組員達にも通じたようだ。九月二十二日付の新聞『日本』には「殊に大字樫野の人民が急報に接するや我れ先にと現場に馳せ付け飲食を忘れて力を盡したるに付漂着人は涙を流してその親切を悦び合へりと實ふ」とある。これは初期対応時の話だが、その後、須江地区、大島地区の人も加わり、村をあげての救護となり、その行為は乗組員達を感激させ、彼らの心に残り、のちにトルコに伝わることになる。

遺体捜索

さて、村民達ができ得る限りのことをしている間、沖村長や小林古座警察分署長たちも職務を適切に果たしていた。

十八日はときどき降雨がある空模様だった。

小林は、この事件は一外国軍艦の難破に過ぎないとはいえ、明治天皇に勲章を奉呈するためにはるばる来航したものであるし、かつ皇族オスマン・パシャも溺死しているのだから（オスマン・パシャが皇族でないことを沖や小林はまだ知らない）、処置を誤ると重大事になるし、また、条約締結国の信頼を失う恐れもあると考えた。

そこで午前十時に現場に着いた東牟婁郡の郡長代理の坂本隆書記に郡長直々の出張を要求した。この頃、東牟婁郡警察署の清水廣治署長（警部）が森本角三郎、蘆原亀三郎両巡査を従えて樫野に到着。清水は夕方になって灯台を訪れ、瀧澤主任に事情を聞いている。

さらに、小林と沖村長は遺体の捜索について打ち合わせをし、生存者はもう見つからないので、今後は、村民を動員し、遺体の捜索・収容作業にもっぱら取り組むことになった。目の前の海に浮かび、漂う亡骸を放っておくのは忍びない。手厚く葬らなければならない。村民達は積極的にこれらの作業に取り組んでいく。

樫野崎の海は晴天の時であっても、波が荒い日が多い。そのような中、樫野、須江、大島の各地区からそれぞれの地区の村民が操る船が出ていく。須江からの捜索隊は東南海岸を、大島の捜索隊は西内側海岸をというように手分けして捜索するが、波が激しく船が磯の近くに達することができない。

「この波では今日は無理だ」

熊野の海に慣れた村民達は危険を感じて、沖に進言する。

「やむを得ない」

沖は船での捜索を中止して、とりあえず海岸に打ち上げられた軍艦の残骸の中を調べることにした。また、沖には捜索以外に考えなければならないことがあった。まだ収容できていないが、海面を漂う遺体は多い。それらを収容した際、埋葬する場所を決めておかなければならないのである。ハイダールの言葉を信じるなら五八七人が死んでいる。並の数ではない。海に呑まれたそれらの遺体すべてを見つけられるとは思わないが、かなりの数の遺体をこの大島に収容しなければならないことは間違いない。

今までは応急の処置として島のあちこちに遺体を埋めていた。しかし、それでは何かと不都合だし、また、これまで発見されていないということは、生存は絶望的と考えられるオスマン・パシャという皇族の遺体も埋葬することになる。いい加減なところに埋めるわけにはいかない。適当な埋葬地をきちんと決めておかなければならないのである。

沖は清水署長らと話し合い、場所を選定してそこに埋葬することにした。決められた場所は、エルトゥールル号の遭難場所に近い、字尾崎の南側の山野である。この日以降に収容する遺体はすべてここに埋葬することにした。

さらに、遺体はすべて棺箱を新調し、そこに納めて埋葬することにし、棺箱を作るための用材を買い求めるために、人を各所に走らせた。

この日、串本にある神田商会汽船部から神田丸会計鈴木純太郎ほか一人が樫野にやってきた。神田商会としても応分の義務を果たすと言う。協力を惜しまなかったのは地元の村民だけではなかったのである。また、隣郡の潮岬村役場からも慰問のため職員が出張してきている。

さらに、村の各大字の主立った者が沖のところにやってきた。

「村長、当然の義務として、みんな必要な労役に従事するから遠慮なく言ってくれ」

というのである。

沖にとっては願ってもない話で、彼らには、これから行ういろいろな作業で村民の助力を仰ぐ際の長として働いてもらうことにしている。

このような中、沖はエルトゥールル号の件が落着するまで事務所を樫野におくことを公示する。以後、ここを拠点に村民たちによる乗組員の遺体の捜索・収容・埋葬活動が展開されるのである。

十八日の『沖日記』の最後には「本日検視済死体四人、新墓地に埋葬」とある。

小林分署長の手記によると、午後四時から三体を樫野埼灯台下で、一体を樫野浜で検死している。これが『沖日記』にある四人のことだろう。検死をしたのは医師の小林健斎、立会人は村役場の山本重一郎である。士官のブラザーンに遺体の確認をさせたが、下等の兵卒で、名前は知らないと言う。

ところで、当然のことだが、遺体や船の残骸は大島だけに漂着するわけではない。周辺の海岸にも流れついている。たとえば田原村である。大島の北側に、海を挟んで古座があり、そこから六・五キロほど新宮よりの地が田原で、ここでは十七日の午前七時頃にまず漂着物が発見されている。

田原村の村長、浦野沖が東牟婁郡長の赤城維羊にあてた文書によると、下田原の荒船と五平の海岸に西洋型船舶の破片が漂着したとの風評があり、駆けつけたところ、どこの国の船で、いつどこで難破したかわからないが、文字は読めないものの航海日誌のような用紙数十枚や木片などが漂着しているので、集めて管理しているとある。また、浦野はこのことを別の文書で古座警察分署にも報告している。

これら田原村に関する文書は、二〇〇六（平成十八）年二月に「古座古文書研究会」が公にした『明治廿三年九月十七日土耳其軍艦難破ニ係ル各所往復書類』に収録されたものである。古座の古文書を調べている「研究会」のメンバーが、紙くずとして廃棄される寸前の往復書類のコピーを偶然発見。それを解読・翻刻したものが『往復書類』で、その原本はなくなったと思われていたが、二〇〇六（平成十八）年九月に古座町史を編纂する部署の引っ越しのときに木箱の中から発見され、現在は串本町古座分庁舎に保管されている。

これには、エルトゥールル号事件に関し、田原村と関係各所がやりとりした一八九二（明治二十五）年四月までの書類がまとめられている（以下、田原村に関するものは主にこの『往復書類』による）。

航海日誌のようなものや木片などが発見された段階では、浦野は当該の漂着物がまだトルコ軍艦エルトゥールル号のものであることは知らないが、その後、十七日のうちに大島村の木野助役から浦野にトルコ軍艦が難破し、五八七人が行方知れずで、皇族も乗船していて、その行方も知れないので、彼らの所在を聞き知っていれば急報してほしいという連絡が入る。

十七日に田原村に漂着したものは、航海日誌のような紙片のほか、木片、鋳物器械、毛布、鉛、花の形の彫刻、旗、汽船と帆船を写した写真の切れ端などである。さらに一人の遺体も発見されている。顔と頭部が破砕されていて、全身が膨張していると報告されてある。

オスマン・パシャの遺体

十九日は、早朝から遺体の収容作業が沖村長以下村民の主な仕事となる。この日の海は比較的穏やかだったので、五隻の船を出して海面に漂う遺体を収容する。海岸に漂着した遺体を含めると、その数は一桁どころではないし、これからもっと増えていくだろう。沖は遺体を扱うのに村民だけでは手に負えないと判断し、遺体の片付けや運搬のために、西向村の「新平民」を雇っている。「賃銀は死体一人ニ付四拾銭ト定ム」と『沖日記』にはある。陸上では彼らを含めて村民一〇〇人前後が仕事にあたった。小林分署長の手記には、穴を掘る者、棺箱を作る者など役割を決めて作業に取り組んだと記されている。

ところで、沖村長や小林分署長が気にかかっていたのが、皇族オスマン・パシャの遺体である。オスマン・パシャは実際は皇族ではないが、沖たちはそのことを知らない。皇族と思い込んでいる。そのため沖は新宮町から隣郡の西牟婁郡潮岬村までの沿岸の村へオスマン・パシャの容貌の詳細を伝えるとともに、遺体を発見したら、埋葬する前に急報してほしいと頼んでいる。さらに、オスマン・パシャの遺体を発見したら、賞与（銘酒一斗）を出すことにした。その内容は次のようなものである。

懸賞

皇族オスマンパシャ御遺骸ヲ認メ之ヲ引渡シタル者ニハ左ノ品物ヲ賞與ス
但皇族御年齢三十五歳御身幹凡六尺位ニシテ肥大ナリ鼻下髭ヲ有シ右指ニ指輪ヲ嵌メタリ

土耳其軍艦難事取扱出張所

記

一　銘酒　壹斗
本品ハ當詰員ヨリ捐金ノコト

この日、田原村では五人の遺体が収容された。午前九時に矢間次郎松が三遺体を、九時二十分に江川助七が二遺体を拾いあげたとの報告が田原村役場から大島村役場になされている。だが、オスマン・パシャのものではない。沖がこの報を聞いたのが午後二時。オスマン・パシャの遺体以外は収容した地で埋葬するよう頼んでいる。

午後になると、ちょっとした事件が起きた。遺体確認のため四人の乗組員を樫野に残しておいたのだが、その内、ママタリーともう一人がみんなが収容されている大島に移りたいと強く望むので、仕方なくこの二人を大島に送り、遺体の確認はブラザーンほか一人で行うことにし、この二人は斎藤区長の家に泊まらせることにしたところ、午後三時頃、前日大島に送ったエルトゥール号の生存者の中の水兵二人がやってきて遺体の確認を手伝ったあと、灯台で休憩中にブラザーンに対して、強い口調で話し始めた。何事か糾弾してるようだった。周囲の日本人は言葉がわからないので、ただ見守るだけだったが、しばらくしてその二人は去って行った。

その後、休憩が終わり、沖はブラザーンを連れ、再び検死場所に行こうとしたところ、先の二人が道端から突然飛び出し、ブラザーンに飛び掛かって押し倒した。そして懐中を探り、そこにしまわれていた指輪を奪おうとした。

沖は懸命に止めに入ったが、言うことを聞かない。すぐに警部（清水署長のことだろう）に知らせ、その場をなんとか収めた。

乱闘の理由はこうである――。

この日収容された中に上着を着けていた主計課員の遺体があった。ブラザーンがその懐中を探り、一円銀貨一枚と二〇銭銀貨一枚、それに指輪があったので回収した。銀貨を水兵二人に与え、ブラザーン自身は指輪を取った。しかし、二人の水兵はブラザーンがまだほかに遺体から取ったものを持っているのではないかと疑って、待ち伏せしていたというのである。

沖自身は日記で事実のみを記しているだけで、なんの感想も書いていない。

騒動を起こしたブラザーンと二人の水兵は大島に連れて行った。

この日、村民達によって収容され、埋葬された遺体は五四。田原村で収容した遺体も含めると五九である。沖や小林分署長は樫野で収容された一体一体を検死して埋葬の指示をしている。

小林の手記には遺体の様子として「面部以上腐亂に依て脱却す」、「睾丸部脱却」という記述が見られる。

夜になって東牟婁郡の赤城維羊郡長が大島に到着した。

ドイツ軍艦ウオルフ号

翌二十日は大きな動きがあった。

晴天のこの日も、沖村長以下村民は早朝から樫野での遺体収容作業に取り組んでいたが、その沖のもとに午前七時頃、外国軍艦一隻が西から現れ、エルトゥールル号が遭難した場所に静かに進み、さらに大島港に向かっているという連絡が入った。そしてしばらくして大島村役場からトルコ軍艦遭難者救助のためにドイツ軍艦が入港したという知らせが届いた。

なぜドイツの軍艦なのかなどはわからないまま、沖はすぐに船を仕立て、大島地区に向かった。午前九時のことである。

このドイツ軍艦はウオルフ号という。どうしてドイツ軍艦がやってきたのか――。

渋谷船長操る防長丸が、村役場の橋爪仁蔵やハイダールらを乗せ、神戸港に着いたのは十八日の午後九時である。船中ではハイダールらに食事も提供されたが、ハイダールは一口も食べず、弟の写真を見て泣いていたという。彼の弟もエルトゥールル号に乗っていて、犠牲になったようだ。

防長丸到着の報は水上警察署から兵庫県庁へと届き、県庁の東條外務課長と神戸警察の上石署長が足を運び、橋爪や渋谷船長らから事情聴取を行った。これよって事件を知った兵庫県知事の林董（一八五〇～一九一三）は、翌十九日午前二時五分に宮内大臣宛に事態を知らせる電報を打っている（外務省に打電したとの報道もある）。

そして地元の『神戸又新日報』が神戸市内で号外を出したのが十九日。神戸にあるドイツ領事館はこれを見てトルコ軍艦の遭難を知ったのか、あるいは兵庫県庁から何らかの情報が入って知ったのかはわからないが、たまたま神戸港に投錨していた自国の軍艦ウオルフ号を生存者の救助に向かわせることにしたのである。

十九日、林知事は別件でたまたまウオルフ号を訪れていて、ウオルフ号の艦長から午後に大島に向かって出航すると言われた。林はこれを聞いて苦々しく思ったと新聞報道にある。まだ中央からの指示は来ていないし、日本で起こった海難事故なのに、日本の艦船ではなくドイツの艦船に先に動かれるのを快く思わなかったのだろう。

林は、幕府留学生としてイギリスに留学し、箱館戦争では榎本武揚に付き官軍に捕らえられるなどしている。のちに駐英公使を務め、日英同盟締結に尽力し、その後外相になった。その林が庁舎に帰ると東京から軍艦八重山を派遣するとの電報が入った。林はならば他国のウオルフ号を煩わせるまでもないと、ドイツ領事に八重山派遣のことを知らせ、ウオルフ号の出航を取りやめるよう勧告した。しかし、ドイツ領事は聞き入れなかった。「好意上世話をする」（『神戸又新日報』）というのがその理由だ。

これについてはドイツがイギリスに対抗するためトルコに接近を図ったという考えもある。帝国主義を押し進めるイギリスはケープタウン、カイロ、カルカッタを鉄道で結んで、植民地支配を広げようという3C政策をとっていた。一方、帝国主義政策でイギリスに遅れをとっているドイツは、ベルリン、ビザンチウム（イスタンブール）、バクダッドを鉄道で結び、ペルシャ湾に進出しようと図っていた。3B政策といわれるものである。ロシアとの戦争に敗れ、多くの領土を失い、瀕死の状態になっていたとはいえ、トルコはこの3B政策にとって、特に地理的に重要な位置を占めていた。そこで、この機会にトルコに恩を売っておこうとドイツが考えたのではないかというのである。

ただ、ウオルフ号が生存者を大島から神戸へ届けた後は、ドイツはこの問題に一切かかわっていないので、結果から見て、純粋に「好意上」のものだったと考えられる。

ウオルフ号を無理に引き止めることはできない。仕方なく、兵庫県ではドイツ軍艦だけで現地へ行けばなにかと不便と考え、県の外務課員長野桂太郎をウオルフ号に同乗させた。ドイツ領事館ではこのとき、神戸にただ一人いたトルコ語ができるルーマニア人のレビーを通訳として雇っている。

こうしてドイツの軍艦が日本の軍艦に先んじて大島にやってくるのである。神戸出港は十九日午後四時。ハイダールらを送り届け、兵庫県庁に事件を知らせる役目を果たした橋爪も便乗していた。橋爪に同行した木村巡査は、十九日午後十時出港の遠賀丸という汽船で状況報告のために神戸から和歌山に向かっている。

ところで、神戸に上陸したハイダールとイスマイルはどうしたのか。新聞報道によると、二人ともシャツ一枚のままだったので、渋谷船長が気の毒に思ってとりあえず自分の服を貸し与え、靴まで取り揃え、さらに県が帽子、洋服、靴を新調して与えたという。

そして県では二人を神戸・宇治川のホテル自由亭に泊まらせた。ところが、ハイダールとイスマイルは翌朝自由亭を出掛けたきり戻ってこなかった。その理由はどうやら食べ物だったようだ。自由亭では洋食が出されたのだが、ハイダールらは宗教上豚などは食べられない。しかし、言葉が十分に通じず、困り果てた二人は東京に向かう途中に神戸に投錨したとき、同じイスラーム教を奉ずる料理屋兼宿屋（ウオルフ号の通訳となったレビーが経営）が料理を出してくれたことを思い出し、捜し当て、そこに落ち着いたのだという。

さて、ウオルフ号がやってきた大島である。大島役場から連絡を受けた沖はすぐに樫野から大島地区に向かった。蓮生寺に着いてみると、すでに赤城郡長が引き渡しの処置を行っていて、エルトゥールル号の生存者をウオルフ号に移している最中だった。沖は長野や艦長らと話をするが、負傷者を収容した後は、樫野崎に回航し、埋葬式を行うという。そのための準備をするようにとの指示を受けた。

沖は急ぎ樫野に人を向かわせ、現地での準備を指示し、自らは赤城と、大島で負傷者の処置に馳駆していた木野助役とともにウオルフ号に乗り込み、正午、樫野に向かった。それを見送る村民達と、エルトゥールル号の乗組員達はどのような気持ちで別れたのだろうか。

樫野崎への途次、艦は弔砲の準備を整え、十二時三十分に灯台の下に着いたが、突然東風が吹き、海が荒れ始めた。この辺の海を熟知している沖らは、その波を蹴ってボートを海岸に着けるのは危険と進言した。天候はさらに悪くなりそうな気配なので、ウオルフ号の艦長は埋葬式を断念。大島港に戻り、沖や赤城、木野は下船し、同艦は時をおかず神戸に向かった。『沖日記』はこの時間を午後一時と記している。

ちなみに、『樫野崎燈臺日誌』には午後一時二十分にドイツ軍艦が灯台から西北西一浬のところにやってきて、国旗を掲示したが、波風が高いので、大島へ帰って行ったとあり、また、小林分署長の手記では、沖からの連絡を受け、小林らが樫野での埋葬作業などを中止して、弔礼の準備に取り掛かったところ、ウオルフ号がやってきて汽笛を一声発して引き返していったとあって、その時刻を午後一時三十分頃としている。

このとき村民に見送られてウオルフ号に乗り、神戸に向かった生存者は六五人である。救出された六九人のうち二人はすでに神戸にあり、二人は遺体の確認などのために残された。

ウオルフ号が去った後、遭難現場をまだ見ていない郡長の赤城は、木野を連れ、樫野に向かった。沖は、午後三時にドイツ軍艦が大島に来たことを海軍大臣と呉鎮守府に電報で知らせ、和歌山県庁にも生存者を送り出した経緯を郵便で知らせた。さらに、六五人の生存者をドイツ軍艦に引き渡した際の証明書をもらっていなかったので、兵庫県の長野に、ドイツ領事館から書面を回送してもらうよう依頼している。

ウオルフ号来港で中断した遺体の収容作業はその後続けられ、この日は一八人の遺体が収容された。その中に艦長のアリ・ベイの遺体も含まれていた。検死報告には「襦袢一枚を着し靴を穿ち皮帯を締め其他装服なし。身體頭部に二箇所創傷あり。其他疵所なし」とある。

同日、田原村では七人の遺体が収容されたことが、田原村役場から沖へ報告されている。その内容は、矢間次郎松ほか一人が乗った漁船が外国人の遺体が漂流しているのを発見して収容、さらに原長五郎の漁船が四人の遺体を収容してきたので官有地を仮埋葬地として埋葬し、一人ごとに木標を立てるなど丁寧に扱っているが、ほかに海岸に二遺体が漂着し、現在検死中というものである。

夕方六時三十分になると、先に協力を申し出ていた串本の神田丸が大島港に入ったという連絡が沖に入った。役場にいた彼は、和歌山県の官吏がそれに乗って来たと察してすぐに行くと、はたして知事の代理としてやってきた秋山恕卿書記官である。船橋義一警部補、医師らを同行していた。しかし、すでに負傷者はウオルフ号で運ばれていたので、医師は神田丸でその夜のうちに帰っていった。

秋山書記官来島の知らせはすぐに樫野に行っていた赤城郡長に知らされ、赤城は午後八時に樫野から大島に戻り、さらに同夜、西牟婁郡の秋山徳隣郡長も大島に到着している。ここで地方行政の人員がようやく揃ったのである。

軍艦八重山、大島に着く

翌二十一日になって、日本の軍艦八重山が大島にやってくる。艦長は三浦功大佐（一八五〇〜一九一九、のちに中将）。長さ六六メートルの八重山は報知艦として建造された第一号である。報知艦というのは無線が導入される前、各艦間の旗信号等による連絡や偵察を行う砲艦で、そのため速力は速かった。この年の三月十五日に横須賀工廠で竣工した八重山は速力二二ノット（二〇ノットとも）で当時世界でも最上級の高速艦である。命名式は十二日に横須賀鎮守府で行われていて、天皇が臨幸している。この際、後任の鎮守府長官の未着任のため、西郷従道海軍大臣とともに天皇を先導する役目を果たしたのが、前任の長官で、エルトゥールル号遭難時には呉鎮守府の長官として、事件の知らせを受ける中牟田倉之助海軍中将である。

エルトゥールル号の生存者収容の命を受けた八重山が横須賀を出港したのは、二十日の正午だった。たまたま修理中で出航が二十時間余り遅れてしまったのである。『時事新報』によると、横須賀港には八重山のほか、軍艦の比叡と金剛も停泊していたが、八重山のほうが速力に勝り、修理をしてからでも、大島には早く着くと考えられたようだ。また、比叡と金剛は演習のため乗組員のほか少尉候補生を乗せていたので、遭難したトルコ人を収容するには不都合だったとも書かれている。

八重山は出発までの間、衣類や医療品を補充するなどの準備を怠らなかった。

横須賀を発った八重山は、遠州灘で暴風雨に遭うなどしたが、どうにか大島が見えてきた。途中、トルコ人の遺体が海面に浮かんでいるのを発見し、引き揚げている。右手首にわずかに袖の残片が残っている程度の状態だった。

二十一日の朝七時、大島地区にいた沖は、和歌山県の秋山書記官、東牟婁郡、西牟婁郡の両郡長らとともに、船で樫野の遭難現場の視察に向かっていた。波が高く、雨も強く打ち付け、容易ではなかったが、八時になんとか樫野に上陸できた。そして現場に着こうというとき、樫野埼灯台下の東海に日本の軍艦が進んでくるのが見えた。八重山がこちらに向かっていることを知っていた沖らは、あれがそうだと考え、秋山書記官の指示のもと、灯台に行って信号で艦名や目的を問うたが、その船は汽笛を発して、少しずつ大島港に行こうとする――。これは『沖日記』の記述によるものだが、小林分署長の手記には「『吾輩は汝等を救助する為に来れり』との信号をあげながら大島に進行した」とある。『樫野崎燈臺日誌』には、灯台と八重山との間で万国信号旗によってやりとりしたことが記されている。

沖らは小船を出して、秋山ら官吏が樫野にいることを八重山に伝えようとしたが、かなわなかった。それで、赤城郡長とともに船で八重山を追い、大島港に戻り着いたのは午前十一時である。すでに大島港に着いていた八重山を大島地区にいた木野と対岸の串本村の神田文左衛門村長が迎えていた。

赤城は、トルコ軍艦遭難の概略とドイツ軍艦が負傷者を収容して神戸に向かったことを三浦艦長に報告した。また、沖はドイツ軍艦が埋葬式をしようとしたが、かなわなかったことを伝えた。三浦艦長は、八重山も途中で遺体を一体収容したことを話した。そして、「この遺体を樫野の埋葬地に運び、士官や兵も現地に行って、他の遺体とともに埋葬式を行うので、その準備をしてほしい」と沖に依頼する。

依頼を受けた沖はこのことを樫野に急報し、知らせを受けた樫野では、ウオルフ号のときと同様に遺体の収容作業や埋葬作業を中断し、埋葬式の準備を行っている。

沖が赤城や三浦艦長、それに八重山に乗艦していた加賀美光賢軍医大監ほか乗組員らとともに総勢三〇余人で、雨の中陸路樫野に戻ったのが午後三時頃である。そこで三浦艦長らは現場を見聞している。

「今下檣（マスト）二本ノ半ハ浮ビ、半ハ沈ミ、波間ニ漂フ所ヲ見レバ艦底ノアルハ蓋シ其所ナラン」

三浦はこう報告している。

ちょうど雨が激しくなったので、一行は一時灯台官舎に避難し休憩をとることにした。同時に、遺体確認のために残っていたブラザーンらに八重山からもってきた衣食を提供している。

朝から降り続く雨は、午後二時頃から激しさを増していた。『樫野崎燈臺日誌』には午後二時二十分に加賀美軍医大監や医師、士官、兵卒、秋山書記官らにこれまでの経緯を話したと記されている。

午後四時三十分、雨が降り続く中、樫野で埋葬式が行われた（これは『沖日記』によるもので、この時間は『樫野崎燈臺日誌』とは若干ずれがある）。『沖日記』に記された会葬者は次のとおりである。

海軍大佐正六位勲四等八重山艦長　三浦功
海軍軍醫大監正六位勲四等　加々美（加賀美）光賢

其他士官四名、水兵二五名
秋山和歌山縣書記官
随行　本縣雇　井上齊　警部補　船橋義一
東西牟婁郡長　随行郡吏員
東牟婁郡警察署長　古座分署長
引率各分署巡査
村長以下村吏員
樫野大嶋篤志者

全員が雨に濡れていた。

埋葬地は灯台の西南約三〇〇メートルの高台につくられた。エルトゥールル号が遭難した船甲羅の崖の上である。中央にまだ発見されていないオスマン・パシャの仮の場所を設け、右に艦長、左に軍医、他の遺体はその後ろに埋葬した。士官以下は木標を立て、官名と名前を記した。墓の上にはすべて二尺ほど新しい土を盛り、特にオスマン・パシャを納める場所には新しい土を丘のように盛った。

一同が墓前に整列し、発砲の礼式を行ったのが午後五時。三浦艦長や秋山書記官、沖村長ら主立った者が拝礼し、式が終わって、遺体確認のために残っていたブラザーンら二人とともに、沖や三浦艦長らが大島地区に向かったのは午後六時である。

日暮れとなったので、樫野地区の村民は提灯や篝火を灯して一行を送り、また大島地区の村民も同様にして一行を迎えたという。この途中、樫野地区の人家から二キロほど離れたところで、三浦艦長が突然病を訴えた。どのような状態だったのかは記録にないが、歩けないほどだったようだ。医師と士官一人と沖、村民の播本清七が残って看護にあたり、加賀美軍医大監や秋山書記官らその他の一行は先に大島地区に向かった。

その一行からの知らせにより、大島地区にいた木野助役は村民を連れて迎えにきた。また、樫野にも使いが走ったため、小林分署長が医師や村民を連れ、駆けつけ、三浦艦長を大島地区まで運んで行った。大島地区では先に着いた面々が心配そうに三浦艦長を迎えた。すでに午後十一時を過ぎていた。三浦艦長は山本重平宅で休憩してから十二時頃八重山に戻っていった。

八重山の乗組員が船に戻る際は、役場や沿道の家々は各軒先に提灯を吊るし、また篝火も灯すなどして、乗船しやすくした。沖村長は、士官、水兵は満足していたと秋山書記官からほめられている。

この夜、八重山に電報が届く。それは、エルトゥールル号の生存者は八重山に収容し、すぐに東京慈恵医院に入れて療養させるよう、天皇・皇后両陛下の思し召しであるという内容の達しが宮内省からあったというものだった。そのため八重山は翌朝生存者がいる神戸に向かって出港するという。

翌朝六時、沖は秋山書記官と八重山を見送りに行き、その際、前日の人夫の賃金について、八重山の主計課で精算し、別れを告げてから退艦している。

八重山は午前八時、大島港から神戸に向かった。

村民の働きぶりに感じ入ったのか、三浦艦長はのちに報告の中で「大島樫野兩村人民ハ男女ノ別ナク村ヲ擧ゲテ土耳其人救助ノ爲ニ熱心ニ力ヲ盡シ」と書いている。

村民達の献身ぶりがうかがえる。

八重山が来た二十一日に埋葬した遺体は一四と『沖日記』にはある（小林の手記では一三）。田原村役場からはこの日、前日に三遺体が漂着し、仮埋葬を行ったという報告が沖村長に入っている。一体は顔が挫傷によって識別できないほどで、右腕は肘から、右足は脛骨部から離脱、一体は顔が腐乱していて識別できず、腰から下が離脱、一体は頭髪や眉が脱落し、全身膨張し、顔は腐乱というものだった。また、田原村書記の山本卓示から、樫野に出張している東牟婁郡の坂本書記に、遺体漂着の際の報告は沖村長以外に坂本や県知事、郡長にも必要なのかとの問い合わせもきた。坂本から山本への回答は県への報告は及ばないというもので、さらに、船骸などの漂着物は追って処分の方法が知らされるはずなので、それまでは落ち度なく保安するよう指示している。

漂着物といえば、オスマン・パシャの服について、次のような話がある。

オスマン・パシャの最後の様子を報じる『大阪朝日新聞』では、エルトゥールル号が沈没するとき、彼は軍服を着て、天皇及びイギリス皇帝から贈られた四個の勲章のほか、二個の勲章を軍服に付け、艀に乗り移ろうとしたのだが、そのとき船材で頭を二つに割られ、艀も転覆してしまった。それを見ていた機関士某がオスマン・パシャの軍服をつかみ、体を引き寄せようとしたが果たせず、軍服の上着だけが手に残った。後でこの軍服を調べてみると、ひどく破れていて、一個の勲章も残っていなかった――となっている。

また、『時事新報』には、十六日紀州大島沖でトルコ軍艦が機関に損害を受けて沈没しようとするとき、機関士某がオスマン・パシャの部屋に赴いて助けだそうとしたが、既に部屋を出ていて、所在がわからないので、せめてこれを形見にと、部屋に掛けてあった大礼服の上着を小脇に抱えて、パシャを救うような気持ちで逆巻く海に潜り、ようやく上陸できたのだが、その機関士は他の勲章などを沈めてしまったのは残念だと涙ながらに物語ったという――と書かれてある。

さらに、『日本』は、機関士のうち一人が海中に漂いながら、危急の際にもかかわらず、オスマン・パシャの大礼服を流失しないようにと挟んで上陸し、求めに応じて見せる際も、決して他人の手には渡さなかった――と報じている。

そして、古座分署の小林分署長の手記には、オスマン・パシャを救おうと端船長《はしけちょう》某がパシャの軍服をつかんだが、上衣のみ残ったと世上に喧伝されていると書かれていて、小林はそれを流言であると断じている。小林はオスマン・パシャの軍服は報道にあるような乗組員が手にして上陸したのではなく、漂着物の一つだったというのである。

彼の手記によると、十七日早朝、樫野の村民、鈴木善吉が遭難者救助のため海岸に行くと、エルトゥールル号の残骸の中に光り輝く洋服があるのを見つけ、収拾したところ、顔に痘痕があり、指先に軽傷を負っている長身の水兵がその場にいて、彼がその洋服を請求したので、鈴木は請われるままに渡し、それが端船長某に渡ったのだというのである。小林は「誣妄の流言を放ち世人を欺くのみならず、無實の功名を發揚するものにして、不都合亦甚だしく」と憤っている。

さて、二十二日朝にブラザーンらを乗せた八重山を送り出し、大島にはトルコ人の生存者は一人もいなくなった。

しかし、村民達の仕事はまだ終わらない。これからしばらくは遺体の捜索・収容・埋葬という辛い作業が続くのである。

この日は、前夜からの激しい雨で船を出すことができない状態だった。そのため、沖らはこれまでかかった費用の計算をするなど事務的な処理を行っている。秋山書記官ら県の一行は大島にとどまって、これまでの経緯をまとめる作業を行った。

生存者の治療に駆け回った川口、伊達両医師は負傷者の治療の顚末を書記官に報告するとともに、薬代を含めて治療費一切を寄付すると申し出ている。のちに、初日から奔走した小林医師も同様の申し出を和歌山県知事宛に出している。このように、大島村の医師達は、今回の遭難事件に関する費用を一切放棄したのである。

この日、田原村よりさらに新宮寄りの太地村海岸に一四遺体が漂着した。

漂着物

二十三日は打って変わって晴天だった。

午前九時に秋山書記官一行と赤城郡長一行が帰って行った。その際、秋山は沖村長に次のような指示をしている。

一　海岸に漂着した船骸はそのままにしておくこと。
一　遺体はできる限り捜索して埋葬すること。発見されている遺体はそのままにしないように努めること。ただし、特に多額の費用をかけて捜索するには及ばない。
一　皇族オスマン・パシャ殿下の遺骸は仮に数十里離れたところで発見されたとしても、本墓地に運んで埋葬すること。

一方、沖は秋山書記官に次のことを報告している。

一　大島医師松下秀以下二人が行った治療及び薬などの費用はすべて寄付すること。
一　神田清右衛門から煙草二〇本入り二七〇個贈進されたこと。
一　大島、須江、樫野から住民一戸に一人の労役を寄付すること。

この日はエルトゥールル号が沈んだ場所から三〇余の遺体が浮かび上がった。小林分署長の手記はこう表現する。

「降雨なきも、海上の風波は前日に倍し、海水の動揺甚し。爲めに一時に數十の死骸水面に浮揚り、忽ちにして海岸に押寄せたるもの三十二個」

村民はこれらを残らず収容し、埋葬している。沖が八重山艦長らを送りに大島に出向いていた間、樫野では山本と橋爪が指揮を執った。

二十四日は雨が降り風が強いため、海も荒れた。そのため船を出しての作業はできず、もっぱら海岸に漂着した遺体の処理にあたった。作業に従事した村民に対し、一人につき白米四合を各区長が一時立て替えて与えることを決めている。この日検死を行った数は二五体。

二十五日は晴天で海も穏やかだったので小船三隻を出して、エルトゥール号沈没の地点の調査を行ったが、特定することはできなかった。遺体の収容、埋葬作業は各地区からの村民を組に分けて行った。

この日、大きな発見があった。

東牟婁郡警察署長の清水警部に同行していた森本角三郎巡査と岩橋冨二郎巡査が海岸を巡視して、遺体を捜索していると、布袋が散らばっているのを見つけた。中を見てみると、金貨・銀貨などが入っている。ただちに小林分署長のところへ持っていった。小林が沖村長立ち会いのもと、調べてみると、中身は次のようなものである。

一　金貨　大　一八八枚

一　同　中　二八枚
一　同　小　二四枚
一　蒔形穴あき金貨　大　八枚
一　同　小　三六枚
一　銀貨　一円形　二三四枚
一　同　五十銭型　四枚
一　同　二十銭型　四五枚
一　同　十銭型　一八枚
一　同　五銭型　一九枚
一　内国白銅貨　五銭　一二枚
一　同　二銭　三枚
一　外国銅貨　一銭型　一五枚
一　同　大型　五枚
一　同　小型　四一枚
一　黒革狼口（小袋のようなものか？）　一個
ただし大きな金貨一枚、金の紫石入り指輪一個、銀象嵌一個入り
一　唐糸編袋

ただし一個鍵二個付き

以上が森本巡査らが見つけたものである。

小林は「貨幣のみを日本金貨に直すも、凡そ二千五百圓に價するものならんと思料したる」と書き残している。

また、芦原巡査ほか一人も銀貨を発見し、村役場の山本重一郎立ち会いのもとで収拾している。

それは

一　銀貨　一円型　四枚
一　同　五十銭型　一枚
一　同　二十銭型　一枚

である。

これらの収拾は兵庫県の外務課にも通知され、現物は沖が保管することになった。

この日は主な関係者が一堂に会し、互いの労をねぎらっている。仕事の山を越えたという認識があったのだろう。

ただ、沖に休みは与えられなかった。夜十時になって大島役場から使いが来て、三人がコレラになったという。沖がそれを聞き、大島に戻ろうとしたときは、すでに十一時を過ぎていた。

この日に検死した遺体は三〇体にもなった。

潜水作業

現場では潜水による調査も行われている。二十六日午前六時に、大島の西寄りの北側にある金山海岸に遺体が漂着していたので小船一隻を回し、樫野の埋葬地まで運ぶ作業を行ったが、その頃、大島地区の小山泰助がきて、長崎県の潜水士がエルトゥール号が沈没したところを見たいと申し出ていると沖に伝えたのである。そして、その潜水士が小船に乗って樫野にやってきたのは午前九時だった。ノルマントン号事件のとき同様の経験をしている沖は、現場で潜水作業ができるかどうか調べてみた。海の状態は穏やかで、潜ることができる状態だったので、清水署長、小林分署長に潜水作業を臨検してもらおうとしたが、二人は、現地の取り締まりのために木村實、小山啓次郎ら三巡査を残し、森本巡査を連れ、それぞれの警察署に戻っていた。そのため木村巡査に臨検を依頼し、村民の手も借りて海底を調査した。

潜水士は長崎県長崎市の平井好太郎なる人物で、船に乗り込んだのは三輪崎村の岩崎栄七ほか三人だった。

海の中には船体はなく、大砲や鉄砲、弾丸などが散乱し、六人の遺体もあった。しかし、どの遺体も船骸に圧されていて、引き揚げることはできないので、物品のみを引き揚げたが、それらは以下のとおりである。

一　葵の紋が付いている日本刀　一振
一　鞘なしの日本刀　一振
一　士官用サーベル　八本
一　兵士用サーベル　二本
一　ピストル　二挺
一　銀の燭台　一台
一　鉄砲　二挺
一　双眼鏡　二個
一　据付眼鏡　一個
一　花瓶　一個
一　金モール錺　二個
一　寒暖計　一個
一　メートル計　一個

拾得物は木村巡査、小山巡査や役場員などの立ち会いのもとで調べ、役場に保管することにした。この作業が済んでから、沖は郡の坂本書記と相談し、翌日の午前中もさらに他の三カ所で捜索することにした。時間はもう午後五時になっていた。翌日の打ち合わせが済んだ坂本は大島地区に戻っていく。

坂本を送り出した後、沖は樫野の村民にエルトゥールル号関係の収拾物の紛失等がないよう注意した。

「今日の仕事はこれで終わりか」

と沖は一息ついたろう。

しかし、終わらなかった。二十五日に拾得した金貨・銀貨の数を記した書類と実際の数が合わないとの連絡が入ったのである。この件が解決したのが、午前一時。朝の六時から仕事を始め、この時間になって、沖はようやく体を休めることができた。

この日検死した遺体は一二。このうち一人は金山から運んできたものである。これらは新墓地に埋葬された。

二十七日は晴天で海も静かだった。

樫野は午前五時から動き出した。潜水調査を行うための機器を積んだ船が到着し、役場の橋爪と小山巡査、岩谷源兵衛、村民三人を乗り込ませ、捜索を始める。

しかし、波がだんだん荒くなり、海底での作業が困難になってきた。仕方なく、わずかな物品を引き揚げて午前十一時に作業を中止する。

この日、沖はこれまでかかった諸費用をまとめている。新埋葬地は村民の主立った者の意見で寄付をしたいということになった。ブラザーン ら二人の宿泊料も斎藤区長から無料にする申し出があった。寺院や学校の使用料も寄付とすることになった。

ただ、遺体の収容・埋葬のために働いた西向村の村民への手間賃は必要で、沖はこの段階で埋葬した遺体の数を改めて確認している。

これらの手間賃の精算は斎藤区長に任せ、また、翌日から樫野の村民一〇人で海岸に漂着した物品の収拾を行うよう依頼し、午後三時、沖は一度事務所を引き払って、橋爪、山本とともに大島役場に戻る。菱垣書記は残務取り締まりのため村民がすべて引き払ってから戻るよう命じられ、夕方まで残った。郡の坂本書記は郡庁に戻るため、串本に船で向かった。

エルトゥールル号乗組員の遺体収容・埋葬に関する費用については、田原村役場でかかった分の記録がある。

十月七日に田原村の浦野村長から和歌山県知事石井忠亮に宛てた文書には次のようなことが書かれてある。

――遺体は数日間海底に沈んで、それから漂流していたので、全身腐乱し、臭気もはなはだしい。

そのため、収容・埋葬作業を行う村民も多くない。また、遺体の夜間の守番も同様で、そのため、賃金を与えて、共有墓地の近くに仮埋葬した（このとき、埋葬地が海岸の砂地なので、波除けのため柵を作り、埋葬地であることが一目でわかるようにしている）――

遺体収容等の困難がうかがえる。腐乱した遺体の臭いは激しいものだっただろう。田原村の文書には、防臭のために殺菌消毒効果のある石炭酸を使ったと記されている。

それはともかく、田原村の文書に見られる費用はどれくらいかというと、船の残骸などの引き揚げ、埋葬のための穴掘り、遺体の運搬、埋葬など仕事によって異なり、一人の村民に対し一日二五銭から五〇銭かけている。十月七日の文書に書かれた主な費用を記すと次のようになっている。

一　埋葬人夫賃　一人につき一日五〇銭、二九人分で計一四円五〇銭
一　穴掘り人夫賃　一人につき一日二五銭、二二人分で計五円五〇銭
一　死体守番賃　一人につき一昼夜五〇銭、四人分で計二円
一　死体引き揚げ、運搬賃　一人につき一日二九銭、一〇人分で計二円九〇銭
一　棺箱代　一個につき五〇銭五厘、一二個分で計六円六銭
一　墓標代　一本につき七銭四厘、一二本分で計八八銭八厘
一　埋葬地の木柵建設請け負わせ費　三円二〇銭

一　石炭酸　一瓶八四銭

このような費用についての田原村役場から県への報告はこの後も続く。

さて、大島の様子に戻ろう。九月二十八日は村祭りのため一日作業は休んでいる。翌日は船の残骸の中に遺体が四つあるのを発見し、沖は郡長に引き揚げの相談をしている。この日、村役場の菱垣書記がコレラにかかってしまった。三十日には川嶋巡査を帰らせ、収容活動も縮小していくことになり、また、現地での管理は斎藤区長に委ねられる。

『沖日記』は十月一日で終わっているが、『沖日記』には斎藤区長の沖村長への報告も付けられている。それによると、三十日午前八時に須江地区の村民が一六人作業のためにやってきたが、ちょうどその時、須江地区に属する通夜島に二遺体が漂着しているとの連絡があり、斎藤は一六人に直ちに須江に戻り、遺体を処理するよう指示し、斎藤自身も小山巡査を連れて出向き、仕事を済ませて、樫野に戻ったという。

それから見回りのため新埋葬地に行くと、今度は樫野の海岸に頸骨から上が断ち切られてなくなっている遺体が漂着しているとの知らせである。斎藤は一人二五銭と決めて四人を連れ、検死役として川嶋巡査を同行し処理している。

さらに十月二日には遭難現場で「村田銃及び袋包一個ヲ拾得」。村田銃というのは、明治十三年に村田経芳が完成した小銃のことだが、それに類した小銃のことかと考えられる。斎藤が袋の中身を岩橋巡査立ち会いで確認したところ、シャツ、ズボン、チョッキ、靴下などの衣類のほか匙、鏡などが入っていた。

その後十月六日にも遺体を収容して処理している。

このような報告を残した斎藤区長は翌年に死んでいる。年齢は定かでないが、天保年間の生まれなので、五〇歳代ではなかったか。

ここで、事件以来、救護、捜索、収容等で利害を超えて村民達がいかに働いたか、九月三十日の官報を見ておこう。

今回ノ事變ニ當リ大島即チ大字大島樫野須江ノ人民ハ頗ル愛憐ノ情ヲ表シ、負傷者ノ救護死體ノ捜索ニ論ナク、其埋葬等ニ至ルマデ數百ノ人夫ヲ出シ東西ニ奔走盡力シ、令セズシテ各々其事ニ服シ、就中連日ノ風雨且蒸熱キ際身體ノ疲勞ヲモ厭ハズ、暁天ヨリ夜陰ニ至ル迄各々勞働シテ敢テ之ヲ辛苦トセズ――負傷者療養ニ從事セシ醫師ハ奮テ之ニ當リ、義務トシテ治療ニ從事シ日夜心力ヲ盡セシガ故幸ニ上陸者中一人ノ失命者ナキハ村長沖周以下村民醫師ノ功勞多キニアルト信ズ

田原村の活動

大島での記録は十月六日までだが、実際はその後も遺体の漂着はあり、最終的に収容された遺体数

は、

一　大島村大字樫野　一九七人
一　田原村大字田原　一二人
一　太地村大字太地　一四人
一　三輪崎村大字三輪崎　一人
一　下里村大字浦神　五人
一　串本村大字串本　一人
計二三〇人

である。

また、残骸、収拾物の処理はまだまだ続いている。それらの対応の一端は田原村役場が関係各所とやりとりした『往復書類』で知ることができる。エルトゥール号のものはどのようなものでも、村民を動員して収拾・保管していることがわかる。

十二月十一日の田原村の浦野村長から石井知事への報告を見ると、「長さ五間、幅三間半、厚さ四尺の個体物一個、長さ半間から四間の角物三十六本」、「長さ半間から二間半までの角物七本、長さ二間半の折れたマスト一本」等を収拾し、それらを解体したり運搬したりするのに一人一日二〇銭の賃金を供出している。動員されている田原村の村民も日によっては「運搬人四十七人、破壊人五十八人」というように一〇〇人以上にもなったときもある。

年が明け、一八九一（明治二十四）年になっても、田原村ではエルトゥールル号の残骸や乗組員の遺品の発見が続く。二月二日には浦野村長から赤城郡長へ前日に収拾したものとして、次のように報告されている。

一　貨幣二一枚。
内訳は、五円くらいの値打ちと考えられる英国貨幣の金貨一九枚、二円五〇銭くらいの値打ちと考えられる英国貨幣の金貨一枚、五円くらいの値打ちと考えられる仏国貨幣の金貨一枚。
一　金具一個。
一　直径四寸くらいで、鳥の群れが飛んでいる模様の錫でできたものと考えられる皿一枚。
一　一寸一分くらいの長さの蝶番のような金具一個。

別の日には釘やその他の鉄製のものが多数収拾され、また鉛鏡、毛布、勲章、肩章、小旗のようなものなども見つけられている。

これら収拾物の保管について、二月二十五日、赤城郡長から浦野村長に厳重に保管するよう指示が出ている。「万一一品でも紛失することがあれば、のちに外交上、どのような不都合が起きるかわからない」との理由からだ。

これを受け、村では海岸の一定の場所に木柵を設けるなどして収拾物を保管する。この保管について、郡がいかに神経を遣っていたかがうかがえるエピソードが、田原村と郡とでやりとりされた文書に記されているので紹介しよう。

郡からの連絡では、田原村の下田原海岸で和歌山県の吏員が、漂着した物品がまるで売店のように掛けさらしてあるのを見たという情報が入ったという。そして、洋服か毛布の類いだろうが、前に村から差し出された収拾品の目録にはエルトゥールル号の残骸や鉄類のほかは毛布一枚とあるだけで、その他の衣類の記載はない。それなら、人夫らの衣類が掛けてあったのを見誤ったのかもしれない。しかし、万が一エルトゥールル号の乗組員のものだったら問題なので、調べて、結果を報告するようにと、浦野村長に指示が出た。

村ではさっそく調査。助役の高尾甚蔵名で赤城郡長へ結果を報告している。それによると、そのような事実はないと結論し、漂着したものの中で海水に浸かっていて保管に困るものは淡水に浸してから日光にさらすことがあり、それを吏員が見たのか、あるいは人夫が自分の衣類を掛けておいたのではないかと考えられるが、よくはわからないということである。

現場ではこれらの収拾物の保管に困っていたようだ。小さいものは役場内で厳重に保管できるが、大きいものは海岸に場所を設けて保管し、取り締まった。しかし、その場所は民家から離れ、かつ人が通るのは昼間のみで、夜になると人跡絶えてしまう。そのためいくら注意しても、保管している物品が破損したり紛失したりする恐れがある。

田原村では、もしそのようなことがあったら大変なので、至急処理してほしいと郡に依頼している

（二月二十七日）。

ちなみに、役場内で保管している小さい収拾物の中には写真もあった。九月十八日に下田原の海岸に漂着したもので、汽船と帆船が写った一枚である。船の残骸で擦られ、海水に浸かったものなので、古綿のようになっていた。村ではそのまま保管していたが、二月二十七日に確認してみると、すでに朽ち果てて痕跡を留めないほどになってしまっていたという。

漂着物にはこれらのほか、屑同然になったエルトゥールル号の艦材などがあった。田原村ではこれらの処理に窮する。郡や県から何の指示もないからだ。三月に「漂着物の保管は厳重に行っているが、海浜に保管しているので万一紛失があったら大変なので、至急処置してほしい」と村長が赤城東牟婁郡長に申し出をしている。

この文書では、田原村村長浦野沖と書かれ、浦野の名前に線が引かれ、横に高尾平三郎の名が記されていて、以後の文書は「田原村村長高尾平三郎」となっているので、この頃、村長の交替があったのだろう。

村の申し出に対して郡からは何の返事もない。田原村ではさらに五月にも「何の音沙汰もないがどうなっているのか」という内容の文書を郡に送っている。このときは郡長が吉田政之丞に替わっている。

そして、七月になってようやく保管品のうち、毛布、銅板、花の彫刻が施された木片、鉄製延板など一部はトルコへ送るため大島村に移送される。しかし、それ以外の屑同然の物品の処置については、相変わらず放っておかれたままだ。それでも村では保管をおろそかにしない。

八月二十七日の文書では、古座分署から村に「田原村と古座村の境でエルトゥール号の船材を集め、薪に割って積んであるのを見た。熊野街道に属する道端なので、人目につく。保安が行き届いてないと思われると不都合なので、一度巡視を」と申し渡されている。これを受け、村ではすぐに確認に出向く。調べた結果、紛失しているものはなく、薪のようなものはすでになくなっていた。そこで「薪とされたのは、十六日の大波で漂着した流木を誰かが薪にしたものだろう」と古座分署に報告している。

残された漂着物は薪にしても差し支えない物が多かったであろう。しかも、一年近く経ている。現地ではそれでも保安し、また紛失等に気を配っていたのだ。日本人の律義さがうかがえる。

八月になると暴風雨が襲い、海辺に保管してある漂着物が散乱する。人夫を出して収拾するが、海が荒れる季節なので、今後も同様のことが起こり得る。村ではより高い場所に保管したいので、移す費用を取り計らってほしいと、その見積もりとともに郡に嘆願する。また、散乱した漂着物の収拾にあたった人夫の費用も請求している。

九月になってようやく郡から回答が来る。漂着物の処置については郡から県に申し出ていて、県もたびたび東京に上申しているが、その筋から何の指示もなく、また、場所を移す費用は一切支出しないので、そのままの場所で散逸しないようにとの指示が県からあったという内容である。

郡や県は放っておいたわけではないようだ。屑同然とはいえ、外国使節の船の残骸である。中央からの指示がなければ勝手に処理できなかったのだろう。一方、政府としては、前年十月に生存者をトルコに送還しているので、一段落ついたものと考えていたのかもしれない。もっとも、一八九一（明治二十四）年は大津事件が起きている。五月十一日、来日していたロシア皇太子ニコライが大津市で津田三蔵巡査に斬りつけられた事件で、外務大臣の青木周蔵と内務大臣の西郷従道は引責辞職することになるのだ。エルトゥールル号の残骸の処理をどうするかなどは、瑣末の問題となってしまったのかもしれない。

散乱した物を収拾した費用については、この後も粘り強く請求して、これに関して田原村と県・郡は文書で次のようなやりとりをしている。

「費用については、以前にも申し渡したとおり、その筋では支払わない。収拾するにあたっては事前に県庁の指示を受けるべきなのに、それがなく処置したのは不都合。請求書は返却する」（東牟婁郡）

「トルコ軍艦遭難による船骸は、万一一品でも紛失するようだと、他日外交上でどのような不都合を引き起こすかわからないので、厳重に取り締まるよう、二月に郡長から指示が来ている。それに従って丁重に保管していたが、図らずも高波のために散乱したので、収拾したものであり、その前に伺いをたてるべきであるのは承知しているが、その間に流失してしまうのは必然で、収拾作業を行ったのだから、特別に費用を支払ってほしい」（田原村＝これは和歌山県知事宛）

現地としては最善の努力をしているわけで、費用の請求はもっともなことだろう。

この漂着物の処理と八月の収拾活動の費用の問題は、事件から一年以上経た十一月になってようやく解決する。田原村だけでなく大島村などに保管されていた漂着物を公売にすることにし、その金を収拾に要した費用にあてることになったのである。田原村は二円四〇銭を請求している。

落札したのは大阪の澤田なる人物だ。公売にかけられた物品は、鉄、鉛、銅、破損した大砲の台、木材、被服などである。

田原村としてはもう一つ懸案事項があった。漂着した遺体の処理である。

田原村では一二の遺体を仮埋葬している。遭難当時は大島村に一三と報告していたようで、その正誤の問い合わせが大島村からあり、改めて一二と報告している。そしてちょうど一年経った明治二十四年九月、郡から田原村に「庁議で下田原村海岸に埋葬したトルコ人の遺体は保管上その他の都合があるので、大島村の樫野崎の埋葬地に改葬することに決まった。ついてはその筋から費用を至急調べるようにと言ってきた」との連絡が入る。

遭難時とは異なり、一年余を経過しているので、遺体は肉も脱落して取り扱いは容易と考えられるので、その辺も考慮して費用を考えるようにとの但し書きも付いている。

これに対し、田原村では九月二十八日付で次のような見積もりを出している。

田原村大字下田原に埋葬したトルコ人遺体改葬につき、遺体掘鑿人夫賃

一　金五円五〇銭　但し人夫一一人一人につき金五〇銭

一　金四円五〇銭　但し人夫九人一人につき金五〇銭
同村同字より大島村樫野崎埋葬地まで一二遺体運搬賃、但し海路
一　金二円四〇銭　但し船舶三艘一艘につき金八〇銭
同村同字より大島村樫野崎埋葬地まで一二遺体運搬賃、但し海路
一　金六〇銭　但し筵一二枚一枚につき五銭
右遺体運搬上入用
一　金一九銭五厘　但し縄三貫目一貫目につき金六銭五厘
右同
計金一三円一九銭五厘

田原村が実際に改葬の手続きをするように指示されるのは十二月に入ってのことだ。東牟婁郡警察署に出願して許可を受けるようにとの郡からの指示である。

それに基づいて田原村が十二月に警察署に出した申請は、「客年九月十六日本郡大島村大字樫野崎で非命に死んだ土耳古軍艦エルトグロール号乗組軍人死屍のうち部内大字下田原字東向ほか二カ所に漂着したものの一二個、当時炎熱悪疫流行の際で何分相当の手続きを履行して埋葬するいとまがなく、やむを得ずその筋への届けを漏らし、とりあえず大字下田原字東向に仮埋葬しておいたところ、右は一時の取り計らいに出たことで、永遠に墳墓保存上の都合

もあり、今般大島村大字樫野字尾崎埋葬地へ改葬したく、ご許可をいただきたく、申請いたします」というものである。

そして、実際に改葬に着手するのは一八九二（明治二十五）年四月になってからであった。

追悼祭

この改葬より一年ほど前の一八九一（明治二十四）年二月、当時の和歌山県知事石井忠亮（一八四〇～一九〇一、日本国営電話事業の創始者で、日本で最初に電話で通話した人物）の音頭で集められた義金によって、埋葬地に「土国軍艦遭難之碑」が建立されている。前年の十月、つまり事件が起きた約一カ月後に、早くも遭難之碑建設の話が出て、その建設費の募集が始められていた。石井知事から東牟婁郡の役所に文書が送られ、それを郡が各役場に転送している。

内容は、（エルトゥールル号遭難が）未曾有の惨事であり、しかも郡内で起きたものなので、その対応によっては国際交誼にも影響するため、郡内有志から義捐金を集めたい、というものである。

各役場ではさっそく対応し、主な村民に募集文書を配布している。

建立された碑の題字は、第十四代の紀州藩主だった徳川茂承の筆によるもので、別に知事の選文による碑文が刻まれた碑も建てられた。

さらに、碑の建立の翌月の七日、大島村の沖村長らは、遭難者達をただ埋葬しただけでは十分ではないと、横浜の潜水業者の増田万吉、兵庫の潜水業者の有田喜一郎らと相談し、埋葬地で追悼祭を行っている。

宮司の倉田績の総攬のもと、墓前にオスマン・パシャ以下乗組員達の写真を掲げ、海底から収拾したトルコの勲章類を置くなどの準備を行い、午前十時、県知事代理、郡長代理らが集うのを待って式が始まった。午後二時に式は終わり、続いて、招待者数百人を饗応、一般参加者にも供物や神酒を分かち、余興もあって、午後六時に終了している。

これには串本小学校や他校の子ども達も数百名参加している。串本小学校では尋常四年以上の八〇余名が参加。午前八時に校長や職員に引率され船で大島村に上陸し、樫野の埋葬地まで歩き、式に臨んだ。そして、午後二時に式が終わってから、他校の生徒らと綱引きなどの余興を行い、帰途についている。この追悼祭にかかわった増田ら潜水業者は、エルトゥールル号乗組員の遺骸の収容、遺品の回収に尽力した人達である。横浜在住の増田は無報酬でこの仕事を行うべく関係各所に申請し、同業の兵庫県の賀川純一、有田喜一郎、大松藤右衛門らと大島村民の助力を得て、作業を行った。その作業で引き揚げられた物品は、

クルップ大砲　八門
同弾丸止め　二個
アームストロング大砲　四門
ホチキス速射砲　四門

クールデンプル四連砲　四門
同五連砲　三門
水雷機　二個
小銃　一八二挺
ピストル　二四挺
サーベル　六一本
銃剣　七一挺
その他、勲章、外国貨幣などである。
これらの品々は稲穂丸で横浜に届けられ、一八九二（明治二十五）年一月、フランスの船に託して、トルコに送り届けられている。
このように遭難者の救護から捜索、埋葬、遺品の回収、さらに慰霊行事まで親身になって行った大島村民の行動はトルコ政府にも伝わった。翌一八九三（明治二十六）年、大島村民の義挙に謝する目的で、トルコ政府から三〇〇〇円が贈られているのだ。当時一日の労賃が一五銭くらいだったというから、かなりの高額である。帰国した生存者たちが、自分達が受けた村民による懸命の救護活動を政府に伝えたものと考えられる。
村議会でこの用途を討議し、公債証書を購入し、村の基本財産としている。
その後、現地では追悼歌がいくつか作られた。その一つは次のようなものである。

一、紀州の灘の夕風に
雄々しく靡く其の旗は
土耳其使節の乗組める
エルトグロール号なるぞ

二、折しも風はいと猛く
怒れる浪は天を衝き
奈落の底を洗い来て
艦（ふね）の働き儘ならず

三、腕に覚えの水兵は
死を究めつ、働けど
今は其の效（かい）更になく
樫野崎の暗礁に

四、触れて忽ち軍艦は
破砕沈没なせしかば
五百八十有餘名
敢なき最後を遂げにけり

五、親愛深き妻や子は
朝な夕なに門に立ち
慈恵に厚き父母は
席（むしろ）の塵を拂いつ、

六、指折りかぞえて今日明日と
帰り来ん日を待ちつらん
艦の沈みし便りをば
聞きにし時の驚きと

七、吾が夫（つま）吾が子は不幸にも
異邦の鬼となりにきと
伝えられたる其の時の
悲しみ歎きの有様は

八、筆や言葉に盡くされず
東の空を打ち仰ぎ
共に消えんと歎くらん
共に絶えんと叫ぶらん

九、艦の沈みし其のおりに
　辛くも命ながらえし
　六十九名の人々は
　日本政府の優渥の
十、救助の恵みに浴しつゝ
　我が同胞の誠ある
　其の親愛を荷いつゝ
　日本政府の特派せる
十一、問弔公使諸共に
　心も勇み気も健く
　国に帰りし其の後に
　親しき友や親戚に
十二、事の始終を語りなば
　新たに交通開きてし
　甲斐はありきと喜ばん
　我れと盟（ちかい）の外つ国の

十三、其の軍艦や商船が
　航行なせるたびごとに
　往きつ帰りつする毎に
　樫野が崎の灯台の
十四、乾の方に位置を占む
　丘の上なる墳墓（おくつき）に
　オスマンパシャを初めとし
　五百八十一人の
十五、神霊祀る社の前に
　祭典なせる様を見ば
　我れの義侠はいや高く
　欧州全土に響くらん
　我れの信義はいや広く
　海外諸国に聞こゆらん

第四章　救護Ⅱ

皇室、医師を派遣

ドイツ軍艦ウオルフ号によって大島村から神戸に移送されたエルトゥールル号の生存者たちはどうなったのか。

防長丸ですでに神戸に送られていたハイダールとイスマイル、それに遺体の確認作業などのために大島村に残った二人を除いた生存者六五人を乗せたウオルフ号は、九月二十一日午前六時二十分に神戸に着いていたが（六時三十分との報道もある）、停泊場所が決まらず、七時五十分になってようやく神戸港に入った。

兵庫県の職員らとともに生存者を出迎えたのは、東京から急ぎ派遣された宮内省の式部官や外務省の職員である。

ここで、事件発生直後の中央の対応を見ておこう。

東京がエルトゥールル号遭難を知ったのは、沖村長からの急報を受けた石井和歌山県知事が十九日の午前一時三十分に内務省と海軍省に発した電報による。続いて、防長丸に乗って神戸に来た大島村役場の橋爪仁蔵からの報告を受けて、林兵庫県知事が打った電報が宮内省に届く。この知らせは土方久元（一八三三～一九一八）宮内大臣から天皇に上奏された。

土方は土佐藩出身で、三条実美（一八三七～一八九一）ら七人の公卿が倒幕計画に敗れ、京都を逃れた七卿落ちに藩命で従い、長州に移った人物で、薩長連合の実現にも奔走した。小山内薫（一八八一～一九二八）とともに新劇の築地小劇場を興した土方与志は孫にあたる。

『明治天皇紀』には、エルトゥールル号遭難の知らせを受け、「天皇大に驚きたまひ」とある。『時事新報』によると、皇后も、先日歓待したばかりの使節のことが気に掛かり、土方にオスマン・パシャの安否を尋ねている。土方は「兵庫県知事からの電報から推量いたせば、パシャもまた他の士官、水兵とともに亡き数に入っているようで……」と答える。それを聞いた皇后は顔色を変えた。

事態を憂慮した皇室の対応は早かった。すぐに式部官と侍医の現地への派遣を決めている。現地にも医師がいるにもかかわらず、わざわざ侍医を送ったのは、使節一行を気遣う皇室の気持ちのあらわれと言えよう。

さらに皇室の意向により、日本赤十字社の医師らもこれに同行することになる。

日本赤十字社は、佐野常民（一八二二～一九〇二）と大給恒《おぎゅうゆずる》（一八三九～一九一〇）によって設立された博愛社が母体である。佐野は元佐賀藩士で、明治政府のもとで海軍の創設に尽力し、大蔵卿、元老院議長、農商務相などを務めた。大給は三河の奥殿藩主だった人物で（のちに国替えで信濃の田野口藩主）、ともに元老院議官だった一八七七（明治十）年に西南戦争が起きた。政府軍、薩摩軍とも多くの死傷者を出したが、その惨状を知った二人は敵味方の別なく救護活動をする団体の設立に動いた。佐野は佐賀藩士時代、藩がパリ万博に出展した際、団長として参加。そのとき、赤十字社の存在を知り、同様のものを作ろうと図ったのだ。

彼らは政府に博愛社設立の願いを出したが、認められなかった。そこで熊本の司令部にいた征討総督有栖川宮熾仁親王（一八三五〜一八九五）に設立趣意書を出し、親王の英断で活動が許可され、政府軍と薩摩軍がぶつかる戦場で、両軍の救護にあたった。これが博愛社の始まりで、佐野が社長に、大給が副社長に就任した。一八八六（明治十九）年には赤十字条約に加盟し、翌年に日本赤十字社と改称。当時は宮内省管轄で、皇后はその活動に力を注いでいて、社紋のデザインに迷っていた佐野に皇后が簪の絵柄を示し、それで決まったという話もある。また、同社の総裁は小松宮彰仁親王が務めていた。皇室との関係は当初から深かったのである。

日本赤十字社初の救護活動は、四七七人の犠牲者を出した一八八八（明治二十一）年の磐梯山噴火で、それに続く大きな救護活動が今回のエルトゥールル号遭難だった。また、外国人に対する活動としては初めてのものであった。

皇室によって派遣された一行は次の一〇人である。宮内省式部官丹羽龍之助、侍医桂秀馬、侍医局の五藤克己、宮内省の土岐豊之助、高橋守政、日本赤十字社医師高橋種紀、野島與四郎、同看護婦福本カン、岡崎クニ、侍医局薬丁山本某。丹羽は接伴掛としてオスマン・パシャらの接待に奔走した人物で、オスマン・パシャとは面識があり、ともに写真にもおさまっている。

また、外務省からは交際官試補の松井慶四郎が派遣されることになり、一行に加わった。この陣容から見て、エルトゥールル号遭難事件への対応では、宮内省が中心的な役割を果たしていることがわかる。

これについて、『大阪朝日新聞』（九月二十一日欄外）は、「該國使節の始《ママ》めて我國に來りし其歸途といひ彼が王室に對する情誼上自から宮廷の事に關するものあるを以て……宮内省が主として之に與り居る如き姿となりし」と推測している。

では、他の関係部署はどう対応したのだろうか。

外務省による人員の派遣は松井一人に止まっているが、電報でエルトゥールル号沈没の顚末をトルコ政府へ知らせ、さらに、青木外務大臣が弔意を表するための使節派遣のことを天皇に上奏している。

地方行政を管轄する内務省は現地への人員の派遣は行っていない。ただエルトゥールル号乗組員の遺体や漂着物を丁寧に取り扱うようにとの指示を和歌山、兵庫両県に出している。

海軍省では天皇の命により軍艦八重山を現地に派遣。また、トルコ海軍大臣に急を知らせ、弔慰を示す電報も送っている。さらに生存者を軍艦比叡と金剛で本国に送還する役割を担った。

このように、事件発生当初、中央から派遣された人員は八重山に乗艦した海軍関係者と丹羽式部官ら一一人だけである。

丹羽らを現地に派遣した天皇は、二十日高木兼寛（一八四九〜一九二〇）軍医総監を呼び出した。馳せ参じた高木に対し、天皇は、生存者の中で負傷している者を、皇后が総裁を務める芝愛宕下の東京慈恵医院で治療するよう命じる。八重山で生存者を大島村から東京まで移送し、設備が整ったところで十分な治療を行わせる考えだったのである。東京慈恵医院では翌日高木軍医総監の指示で受け入れの準備に取り掛かった。

高木は東京慈恵医院の前身、有志共立東京病院の設立者で、海軍の悩みのたねであった脚気を、艦船の兵食を白米から麦飯に替えて追放し、のちにビタミンの発見に寄与したことでビタミンの父と呼ばれた。

さて、現地に向かった丹羽一行の動きを見てみよう。

天皇からの指示を受けた丹羽達は迅速に準備を整え、十九日午後四時四十五分新橋発の東海道本線の急行列車でまず、神戸に向かった。事件の知らせがあったその日のうちの出発である。当然ながら日本赤十字社の人員は必要な医療用具や薬を持参している。

神戸駅に着いたのは翌日の午後十二時四十分である（午後一時十五分との報道もある）。ドイツ軍艦ウオルフ号が生存者移送のために大島村に向かったことを知らない一行は、その足で神戸から船で現地に向かう予定でいた。郵船会社の神戸支店では、本店から連絡を受け、横浜へ向かう定期便・相模丸の運行予定を変更し、丹羽達を乗せて大島に向かうべく、同船を待機させていた。

到着した丹羽達は出迎えた兵庫県の職員から、すでに神戸を発っていたウオルフ号が二十一日にも現地から生存者を連れてくるはずだと知らされる。そのため、「あえて大島に行く必要はなく、また、すれ違いになる恐れもある」という意見が出て、協議の結果、神戸に留まり、生存者を待ち受ける準備をすることが大切という結論になった。

では、エルトゥールル号の乗組員たちをどこに収容して治療すればいいのか。何しろ六〇人以上の負傷者である。彼らをまとめて収容できる施設は限られる。

幸い神戸港の南西の隅に和田岬消毒所があった。現在の神戸検疫所の前身で、一八七八（明治十一）年十月に設置され、一八九六（同二十九）年には和田岬検疫所と改称している。

県の職員の案で、負傷者をこの消毒所の中にある停留所に収容し、そこを臨時の病室として手当てをすることにした。二十日午後四時、丹羽式部官達は和田岬消毒所に赴き、実際に適した場所であるかどうか検分し、受け入れ態勢を整えた。

慌ただしく東京を経ち、長時間列車に揺られた疲れを一夜の眠りで癒した一行は、翌二十一日早朝、神戸港に向かい、ウオルフ号の到着を待った。ウオルフ号が港に入ってくるのを見て、丹羽、松井外務省試補らは兵庫県外務課員、神戸警察署長とともに水上警察のボートでウオルフ号に向かい、乗り込んだ。そして艦長に生存者たちの状況を聞くなどした後、彼らを二隻の艀に移し、水上警察の小蒸気船で和田岬へと運んでいく。

艀が陸づけされた消毒所構内の海岸には林知事の姿があった。上陸した生存者達は、傷ついた体に女性ものの単物や子どもの服を窮屈そうにまとっている。それを見て、大島村民の慈愛のこもった施しであるとはいえ、林は気の毒に思ったという。彼らにはすぐに浴衣が与えられている。さらに洋服を新調する話も出た。ただ靴なども揃えなければならず、人数分を揃えるとなると、かなりの予算が必要となる。そのため、すぐには結論が出ていない。

この洋服に関しては、のちに入札で井上商店が引き受けることになる。県の外務課から義捐の気持ちを込め、半額でとの願いがあり、義のためならと、それに応じて落札したようだ。職人たちは名誉なことと裁縫に励んだという。服が仕上がってエルトゥールル号の乗組員たちに渡されたのは、彼らが帰国の途につく前々日の十月九日のことである。

林知事は二十二日ウオルフ号に出向いて艦長に会い、その厚意と労苦に対し、謝意を示している。ウオルフ号及びドイツのエルトゥールル号遭難事件とのかかわりはこれで終了している。

和田岬での治療

エルトゥールル号の乗組員達は停留所に収容された。トルコ人の名前は日本人に馴染みがない上に同名の者もいるので、大島で行われたのと同じように、便宜のため番号を記した木札を胸のあたりに付けられた。そして、二人から四人に六畳敷きの一室があてがわれ、士官はベッドに、他の者は畳に敷いた布団に寝かされた。同所の二階には丹羽式部官たちの事務室も設けられている。

ここでも当然通訳が必要である。（おそらく兵庫県が）ウオルフ号が大島に向かったときに雇われたルーマニア人のレビーに一日一〇ドルで依頼することにした。

治療をするにしても、十分な食事を与え、体力をつけさせる必要がある。県ではその準備も怠らなかったが、二十一日の朝食はウオルフ号で済ませていた。そこで、彼らは煙草が大好物ということなので、まず一人三本ずつ紙巻煙草を与えて一息いれさせ、それから昼食を与えた。メニューは神戸で料理屋兼宿屋を経営しているレビーの指示によるもので、スープ、牛乳、フライ、蕪、コーヒーなどが提供された。

昼食後、いよいよ桂侍医、日本赤十字社の高橋医師、野島医師による治療が始まる（治療は午前十一時頃からとする報道もある）。生存者達の傷の程度は、二十二日に和田岬消毒所から高橋医師が日本赤十字社本社に発した電報によると、重傷者が一三人、軽傷者が三六人、残りは健全である。

この治療には東京から来た日本赤十字社の看護婦二人のほか、公立神戸病院から五人の看護婦が駆けつけ、献身的に取り組んだ。彼女らのきめ細かな働きぶりに乗組員たちは涙を流して喜んだという。

治療で困ったのはまず言葉の問題である。レビーを雇いはしたが、トルコ語は日常会話ができる程度で、治療にかかわる専門的な話になると要領を得ない。こういう治療が必要だと説明しても、負傷者になかなか納得してもらえないのだ。そのため手術をしようとすると、拒絶されてしまう。なんとか慰撫して施術しなければならず、高橋達は大いに苦労した。また、興奮を抑えるため酒類を飲ませようとすると、宗教上の理由でこれも拒絶されてしまうという有り様だった。

もっとも、痛みをやわらげるための麻酔は、ふだん酒を飲んでいないためか、酒飲みの三分の一ほどの量で効果が出たという。

それでも、大島で応急処置を施された際の包帯を重傷者の体からはぎとる際は、その痛みに、士官といえども号泣した。また、傷口を石炭酸で洗うときも痛みで悲鳴を上げる者があった。

ともあれ、三人の医師は看護婦たちの協力を得て、一人ひとり適切な治療を行っていった。

高橋は、治療後に彼らの症状について日本赤十字社本社に詳しい報告を行っている。それによれば、重傷者一三人のうち、打撲によって肋膜肺炎を起こし、重症になっている者が一人、縫合手術を行った者は大腿部の創傷二人、上顎の創傷一人、骨折している者は下腿部が一人、前腕部が一人、ほかに関節創傷三人、臀部挫傷一人、さらに腹壁に刺し傷がある者、大腿部の肉が失われている者などがいるが、切断手術が必要な者はいなかった。また、軽傷者はほとんどが擦過傷程度だった。ウオルフ号の軍医によって治療された二、三人以外は傷口はすべて義膜状になっていて、ひどい者は壊疽になっていることもあった。また、痂ができていても、その下は膿んでいて、ひどい臭気の者もあり、いずれに対しても十分に消毒を施したという。

負傷者を収容した停留所には五人の巡査が配され、表門と裏門に一人ずつ立ち、所内では平服の巡査が一人巡回した。軽傷者が勝手に停留所から出てしまうのを予防するためである。ちなみに、治療の必要がない士官二人は停留所ではなく、レビーが経営する宿に宿泊させている。

初日の治療を無事済ませた桂侍医や日本赤十字社の医師達は、宿泊所と定められた和田岬の和楽園に、同様に丹羽式部官は旅館西村に戻っていった。

翌二十二日午後三時三十分、大島村に残っていた二人のエルトゥールル号乗組員を乗せた八重山が神戸港に到着した。それより少し前の二時頃には、神戸港小野浜の呉鎮守府分工場で修理中だった軍艦摩耶の艦長、長田少佐が軍医二人を連れて、生存者を和田岬の停留所に見舞っている。そのとき、治療中の者は長田艦長に向かい、手厚い保護に感謝し、また、天皇の徳を称えたという。

長田艦長に続いて、到着したばかりの八重山の三浦艦長、加賀美軍医大監らが県の職員とともに停留所の生存者達を見舞い、用意していた衣服を負傷者たちに着用させた。

その後、同所に設けられていた事務所で、三浦艦長は丹羽式部官、桂侍医、松井試補、県職員らと今後の対応について打ち合わせに入る。

三浦艦長は生存者を東京に連れ帰るよう命じられていたので、それに従う旨を伝えるが、丹羽は重傷の者がいるので、すぐに動かすのは得策ではないし、宮内大臣からの命令があるまでは生存者を海軍に引き渡せないとも言った。

両者譲らず、結論が出ないので、林知事が東京に伺いを出し、それに従うことにしてその日の打ち合わせは終わった。そして二十三日午後三時頃、土方宮内大臣から、「神戸港で厚く治療するよう、天皇陛下から仰せがあった」という電報が届き、八重山による東京への移送はなくなったのである。

任務が終わった八重山は十月十日まで神戸港に留まっていたが、その間、三浦艦長らはエルトゥールル号の生存者に対して大いに同情し、彼らを慰めようと、士官を晩餐に招き、また、八重山の乗組員からは、絹のハンカチ六ダースが贈られている。

九月二十四日、日本赤十字社は、二人の社員に佐野常民社長の慰問書を持たせ、神戸に派遣する。慰問書の内容は、「本月十六日、貴艦遭難の報を聞いて本社員等は驚き、悲惨の情に堪えず、天皇皇后両陛下の情け深い仰せを受け、すぐに負傷者救護の準備をし、医師と看護婦を派遣、続いて今回社員を派遣し、厚く救護に従事させる。諸君の九死に一生を得られたのは天神の擁護のためであり、社員等がわずかにその心情を慰めることはあっても、季節は暑さがまだひかず、その上風土が異なるので、不便なことも多いだろうと心配だが、体を大切にして一日も早く全快されることを切に望む」というものである。

また、二十五日には地元神戸の前野荒吉という赤十字社員も「万分の一でも本社のため尽力したいので、用があるときは命じていただければすぐに出頭する」と日本赤十字社兵庫支部長に申し出ている。支部長は林董となっているから、林知事が兼務していたようである。

九月二十六日になると、生存者達の治療等が一段落ついた。そのため、桂侍医ら宮内省の人間は午前十時発の列車で東京に戻った。さらに外務省の松井試補も同日夜東京へ帰っている。

これと入れ替わるように二十七日、日本赤十字社の社員岩崎駒太郎と薬剤師の渡邊勝次が看護婦二人を連れて神戸駅に着き、停留所に向かっている。さらに、二十八日には状況視察と治療のため、日本赤十字本社病院主任医の山上兼善も派遣された。同時に佐野社長や理事らにより、エルトゥールル号の士官に絹の敷布、その他の乗組員に木綿の敷布が贈られている。

ともあれ、宮内省や外務省の人間が帰京したことで、生存者達の面倒は日本赤十字社の人員と県庁に委ねられることになった。

この頃、レビーの宿に滞在させていた士官二人を停留所に移している。停留所内の別室で治療していた二人の士官のうち一人が全快したため、式部官らの事務室として使っていた二階にこれら四人を移したのである。一カ所に集めていたほうが管理に都合がよかったからだろう。事務室は一階に移された。

ところで、エルトゥールル号の生存者達が神戸にいる間、いろいろなところから見舞いの品が贈られているが、特に多いのが煙草である。彼らの煙草好きが新聞報道などで知れ渡っていたためだろう。二十六日には県知事書記官から各人に紙巻煙草一箱ずつが、二十八日には軍艦摩耶から紙巻煙草六箱が贈られる。そのほか、湊川神社の宮司が紙巻煙草を八三箱、兵庫県内の魚谷なる人物も煙草二〇本入り七〇袋を寄贈している。官民問わず、異国の遭難者を慮っていたことがうかがえる。

実際、彼らは煙草が好きだった。日に三度、食後に紙巻煙草を四本ずつ与えると、待ち兼ねたように吸い、手を出してさらに請求する者もいたほどである。一方、酒は前述のように宗教上受け付けず、当初は水薬を与えようとしても、酒ではないかと疑っていたという。もっとも、日本人がだまして飲ませるようなことはしないとわかってからは、安心して水薬を飲んだ。

また、軽傷者は日が経つにつれ元気になり、日本の将棋に似たゲームにふけったり、風呂を珍しがって、何度も入りたがる者もいたりした。高下駄をはかせると、最初はうまく歩けなかったが、慣れるとカラカラと音をたて、飛び回って楽しんだ。

二十七日には皇后から生存者たちにフランネルの病床衣服が一人に一着ずつ贈られている。衣服が届くと、士官に渡され、士官から各人に配られた。六九人の生存者達は、その厚意に一人として泣かなかった者はなく、汚さないよう注意して着ていたという。

また、小松宮彰仁親王からも贈り物がなされている。親王は心を慰めるようにと、珍しい菓子を一箱ずつ六九人全員に贈ったのである。

皇室が彼らの処遇にいかに細かい配慮をしていたかがわかる。

皇后からの贈り物が届いた二十七日、加賀美軍医大監が停留所を見舞い、午後五時三十分の急行で東京に帰っている。

日本赤十字社の医師や看護婦達の尽力が功を奏し、負傷者達の傷は次第に快方に向かっていた。そして月がかわり十月になると、日本から連絡を受けたトルコ政府からエルトゥールル号の生存者保護のため、横浜海岸三番館のパリ割引銀行に金貨一〇九〇ポンドが送られてきた。これを神奈川県庁が銀貨相場に換算し、銀貨五一四六円五〇銭を兵庫県庁に送付。十月七日に林知事が生存者に渡した。

ところが、生存者達は、間もなく帰国することでもあり、日本での諸費用は日本人が面倒を見てくれているので、特に使う必要はなく、全額本国へ持ち帰ることにした。そこで神戸居留地の外国銀行にトルコ貨幣との交換を頼んだが、トルコ貨幣がどこにもなく、断られてしまった。八日、仕方なく士官三人と水兵一人が県庁を訪れ、林知事に相談した。

林知事もいかんともしがたく、帰途に香港かシンガポールで交換してはと助言して帰らせた。

ちなみに、この手当ては、士官六人にそれぞれ一一七円五〇銭、水兵にはそれぞれ七五円五〇銭という割合で分配されたという。

医師の自殺未遂

日付を数日戻し、十月三日。生存者達が順調に回復しているので、彼らが本国に送還されるまでの治療は兵庫県の病院に任せることにし、日本赤十字社の医師達は帰京することになった。だが、県としては全員に引き揚げられては不安だったのか、幾人かは残ってほしいと要請した。それに応えて医師一人と看護婦二人はそのまま留まって治療を助けることになったのだが、これが思わぬ事件につながることになる。

県の要請で神戸に残って、引き続き治療にあたっていたのが野島與四郎医師である。その彼が十月八日自殺を図った。

経緯を『神戸又新日報』の報道をもとに再現してみよう。

旅館西村に滞在していた野島医師は、午前中に和田岬の消毒所まで出向き、エルトゥールル号乗組員の治療を行い、午後に帰るという日々を送っていた。神戸病院の高橋副院長の夫人とは従兄妹の関係だったので、午後には彼女のところを訪問するのが日課のようになっていた。

ところが、八日は和田岬から帰っても出掛けなかった。そして普段は飲まないブランデーを八分目までも飲んで座敷にこもっていた。

六時過ぎになり日が落ちたので、下女がランプを灯そうと、野島の客室に入ったところ、暗がりの中で野島はうつ伏せに寝ているようであった。下女は「旦那さん大変遅くなりました」といいつつ、ランプを枕元に持っていこうとすると、ヌルリと足に触れるものがある。そこにランプを近づけてみると、血だった。

あわてた下女は人を呼び、旅館は大騒ぎとなる。旅館では野島が吐血したものと思い、二人の町医師を呼びに行かせたが、ともに不在で代診がやってきて、野島の様子を調べたところ、吐血ではなく、喉をナイフで突いた様子である。野島の喉から出た血は畳を染め、当の野島は死にきれず、気息奄々としている。

一同大いに驚いて、とにかく警察に知らせるとともに、神戸病院にも知らせを走らせた。神戸病院からは高橋副院長が駆けつけ、傷口を縫うなどの応急処置を施した。

野島の傍らには二通の書き置きがあった。その一つには自殺を図った理由が記されていた。文面は次のとおりである。


此度余土耳其軍艦遭難者負傷人救護のため出張治療に従事し居たる処今般帝國軍艦比叡金剛の二艦を以て本國へ送致の事に決せしに付ては引渡の際附與すべき病床日誌整頓せず為めに日夜心痛候得共妙策を得ず依て赤十字社の面目を損する事非常なりとす然るを以て茲に自殺を遂ぐるを以て残

る諸君宜しく御處置を乞ふ

十月八日　野島與四郎

すでにエルトゥールル号の乗組員たちを軍艦で送り届けることが決まっていて、その際、治療の記録を提出することになっていたようである。そしてそれを記すのは野島の仕事でもあったのだが、その整理がつかず苦慮していた。

もう一通には「先立つ不幸を謝す」という肉親への言葉が綴られていた。

後者は紙面が血に染まり、字も乱れていて、一部は血で書かれていたため、ナイフで喉を刺した後に思い至ってしたためたものと考えられた。

神戸病院に運ばれた野島の傷は前頸部の右側にあり、長さ一寸三分、深さ六分のもので、頸動脈に達するほどだったが、動脈を破っていなかったのが幸いし、出血は多かったにもかかわらず命はとりとめた。

この事件は東京の日本赤十字社にすぐに電報で知らされ、東京に戻ったばかりの高橋医師が、事務員とともに九日午前五時の列車で再び神戸に出張することになった。

十日にも日本赤十字社へ電報が送られていて、その内容は次のようなものである。

野島與四郎容體ハ生命ニ拘ルコトナシ原因ハ病床日誌ノ事ヲ心痛シ一時狂亂シタルナリ

この自殺未遂事件について、十月十日の『神戸又新日報』は、野島が自殺を企てた理由は、病床日誌ができていなかったからというが、野島は大学別科卒業生で、まさか病床日誌が書けないはずはなく、察するに、赤十字社の金を浪費して言い訳ができなくなったので、自殺を覚悟したが、さすがに本当の理由は言えず、病床日誌ができていないという理由にしたのではないかという説を紹介している。

これは邪推だろう。同紙も翌日にはそれを打ち消す記事を出している。野島医師は神戸に出張してきた人の中で最も謹直な人物で、高橋副院長のところを訪ねるほかは外出もしないほどなので、芸娼妓などと遊んで金を浪費するようなことはなく、また仮にそのようなことがあったとしても、赤十字社が用意していた金は二〇〇円ほどで、これを残らず使っても、野島が返済に苦しむはずはないし、親戚の高橋副院長も近くにいるのだから、金銭の問題で自殺を企てることはないはずである。原因はやはり病床日誌がまとまっていなかったことによる——というのが記事の内容である。

問題の病床日誌は高橋副院長がまとめたという。

ここで、生存者のうち治療を要した者の名前と怪我の状態、そしてどのような治療が施されたのかを挙げておこう（日本赤十字社の土耳其軍艦「エルトグロール」遭難負傷者一覧表による）。

シエリフ（二十四歳）　左側臀部打創　搔爬縫合

ベクタシー（二十六歳）　右大腿内後側面失肉創　搔爬
ムスタッハアー・エフ・フェンディー（四十五歳）　右側脛骨上端不全骨折　ペチー氏副木矯正包帯
マデイン（二十二歳）　右側腹壁刺創　搔爬
アホメット（二十五歳）　右側膝関節外側失肉創　搔爬
ムスタファアー（二十五歳）　右足蹈趾挫創　搔爬
ゼネー（二十五歳）　右側鼠蹊および大腿挫創　搔爬縫合
エスマイル（二十一歳）　右肺損傷左大腿打撲、肋膜肺炎、大腿皮下蜂巣織炎　切開
ベキール（二十六歳）　右足第三第四趾挫創　搔爬
アーリ（二十四歳）　左季肋部打撲、肋骨骨折　絆創膏固定帯
マーメット（二十三歳）　左足背挫創　搔爬
アホメット（二十四歳）　右側尺骨単純骨折、肺炎併発　ギブス包帯
セリイリム（二十二歳）　左手掌刺創、腕関節炎　切開搔爬
エスマイル（二十五歳）　左足外踝刺創　切開搔爬
ムスタッファアー（二十三歳）　左側下腿打撲　石炭酸水罨法（炎症などを除くために患部を冷やす方法）
ヒユスニー・エフエンジー（三十五歳）　右足背蹈趾関節部挫創　搔爬
マーメット（二十五歳）　左上眼瞼挫創　搔爬
シャパン（二十四歳）　身体数カ所軽擦傷　搔爬

アッシル（二十二歳）　右側腕関節打撲　石炭酸水罨法
ムスタッファー（二十七歳）　左足蹠小挫創　搔爬
アーレー（二十三歳）　下顎左側打撲、第三臼歯欠損、歯齦挫創　鹽酸加里水含嗽
ハリル（二十三歳）　左手小指第三指挫創　搔爬
ムスタッファー（二十歳）　左側膝蓋部挫創　搔爬
アホメット（三十歳）　左側下腿外側擦傷　搔爬
ヤーコップ（二十二歳）　頭頂部打創　搔爬
アリフ（二十六歳）　頭部および下腿擦傷　搔爬
エプゼー（三十三歳）　右手小指背面挫創　搔爬
アーレー（二十二歳）　右下腿打撲　石炭酸水罨法
テーフエキ（二十歳）　眉間および左足蹠打創　搔爬
マホメット（三十歳）　頭部挫傷　搔爬
エブラエム（二十三歳）　右側内外髁部擦傷　絆創膏
エブラエム（二十二歳）　左季肋打傷　石炭酸水罨法
エミーン（二十二歳）　右下顎関節打撲　石炭酸水罨法
マーメット（二十二歳）　右足蹈趾挫創　搔爬
デーフェキ（二十歳）　上顎および歯齦挫創　搔爬

スレーマン（二十六歳）　背部擦傷　絆創膏
ハイレー（二十歳）　左側下腿外側挫創　搔爬
アホメット（三十歳）　右側大腿刺創　搔爬
レジヤップ（二十四歳）　頭部打創　搔爬
マーメット（二十四歳）　右側耳輪擦傷　絆創膏
フセェーン（二十四歳）　両側下腿擦傷　搔爬
スレマン（二十一歳）　右側上膊擦傷　搔爬
シヤキール（二十二歳）　右足背挫創　搔爬
シユツクレー（二十歳）　右足舟状骨部挫創　搔爬
サーレフ（二十五歳）　左手小指挫創　搔爬
サーレー（二十三歳）　左手小指挫創　搔爬
アホメット（二十三歳）　右手小指複雑骨折　搔爬
アジース（二十五歳）　左足背打創　搔爬
アジース（二十八歳）　右側肘関節擦傷　搔爬
エミーン（二十二歳）　左上眼瞼擦傷　搔爬
ハリール（二十歳）　左手小指第三節挫傷　搔爬

合計五一人で、全治したのが二三人である。「遭難負傷者一覧表」には備考として次のようなことが記されている。

- 創傷は大体が挫傷で、傷を受けてからすでに六日間を経過し、傷口には灰白色の義膜ができているか、あるいは組織の一部が壊疽している。
- 傷口は概して小さいが、深く、筋間、骨膜あるいは関節腔内にまで達しているものもある。
- 軽度の擦過傷で痂ができていても、その下に膿がたまっているものもある。
- 傷は大体以上のようなものなので、治療としては、腐敗組織を掻爬し、防腐包帯を施したものが多い。
- そのほか内臓打撲傷一人、肋膜肺炎を発する者一人、骨折症三人。それぞれ処置を加えた。

生存者の中に、名前の下に「エフ・フェンヂィー」、「エフエンジー」とついた者がいるが、これは「エフェンディ」のことだろう。トルコでは当時中級官僚や佐官クラスの軍人に「エフェンディ」という称号を与えていた。一九三四年の姓氏法制定とともに公式称号としての「エフェンディ」は廃止となる。

自殺を図った野島医師は治療の結果、他人の肩を借りれば歩けるほどに回復し、エルトゥールル号の乗組員が日本を発った十月十一日、同じ日本赤十字社の高橋医師や残っていた看護婦らに連れられ、列車で帰京する。

このようにして神戸での国や県、日本赤十字社による救護活動は終了するのだが、このほか遭難を知った民間も、異国で命を落とした乗組員たちのためにさまざまな動きを見せている。その最大のものが義捐金活動だが、その詳細は後に譲るとして、ここではそれ以外の活動を紹介しておこう。

九月二十五日には芝の浄土宗の寺、天徳寺で同艦遭難者と武蔵丸の遭難者の冥福を祈る大施餓鬼が行われた。

兵庫県神戸市坂本村にある報國義會は同艦溺死者のため、十月二日和田岬で大施餓鬼を行った。導師同県八部郡奥平野村祥福寺住職毛利喚應以下五八人がこれに従事し、一般の参拝者はおよそ一五〇人にものぼった。これには、和田岬消毒所で治療中の生存者のうち重傷者を除き、六〇余人も参拝している。また同義會からは生存者一同へ葉巻煙草も贈与された。

大島村の蓮生寺でも施餓鬼が行われている。さらに和田岬の停留所を摩耶山の僧侶が訪れ、見舞いとして自作の詩文と瓦煎餅五〇〇〇枚を贈り、防長丸で送られたハイダールとイスマイルが最初に宿泊した自由亭からは有馬籠が生存者達に贈られている。

そのほか、神戸の各宗派の寺院が申し合わせ、湊川でエルトゥールル号遭難者と各地水害溺死者追悼の大施餓鬼を行い、多くの市民が参詣したという。

第五章　送還

軍艦派遣

政府が軍艦比叡（艦長・田中綱常大佐＝一八四二〜一九〇三）、金剛（艦長・日高壮之丞大佐＝一八四八〜一九三二）の二隻をもってエルトゥールル号の生存者をトルコ本国まで送還することを決定したのは九月二十六日のことだった。実に素早い決定だったが、当初は「国交を結んでいるわけでもないし、そこまでしなくてもいいのでは」という空気もあったのはたしかだ。それが両艦による送還と決まったのは、ひとつにはロシアが自国艦隊での送還を政府に申し入れたからだ。一八九〇（明治二十三）年九月二十六日の新聞『日本』にはこうある。

……露国には義勇艦隊とて土耳古に毎月二回ずつ航海するものより之に通報せば来月十九日には来港し得べきにあり今回の遭難者を此艦隊にて送ることとしては如何と便宜を計りて露国公使より申

入れありしを青木子は熟議の上回答すべしとて幸い其日の閣議に諮りしに各大臣共別に日本軍艦を以て送るのが至当ならんとの説にて青木子は此旨により露国の申入を辞したるまでの事なり

文中「青木子」というのは外務大臣青木周蔵（一八四四～一九一四）のことである。またロシアの義勇艦隊というのは一種の公団組織というべき「義勇艦隊協会」が保有する艦隊で、通常は移民船が主事業。しかし有事の際は武装し補助船として任務に就けるように政府が援助している艦隊だ。

そんな露国の義勇艦隊などが出てくるということになれば話が面倒になって政府としても困るし、なによりも面子が立たない。なにしろ国賓として迎え入れ、天皇陛下にも拝謁したトルコ人達をよその国の軍艦でトルコまで送らせたといわれたのではたまらないし、世論もまず許さないだろう。

実際、『東京日日新聞』などは九月二十三日付紙面で「不幸なる生存者を如何すべき」という社説を載せ、トルコ使節団がわざわざ明治天皇にトルコ皇帝陛下からの親書と贈り物を持って来朝したことを強調した上で、こんなときこそ外国に向かって日本の義気・好意を示すべきで、軍艦をトルコに派遣して生存者を送り届けトルコ皇帝への答礼とすべきだと説いている。

また同日付の『時事新報』も、生存者たちの怪我が治るのを待ち帝国海軍をもって安全に彼らをトルコまで送り届けるべきだと主張、万一にも今後再び外国軍艦で生存者をトルコに送るようなことがあれば「日本国民の遺憾を醸すべし」としている。「再び」というのはドイツのウオルフ号が八重山に先んじてトルコ人たちを神戸まで運んだことを指す。日本にも海軍があるのだから、いくらロシアなどが好意から送還を申し込んできていたとしても、外国の軍艦に送還をさらわれるという無様なことを二度とすべきではない、というわけだ。さらに九月二十六日の『神戸又新日報』も「聞くが如くんば露国軍艦を以て土国遭難者を送還するの噂あり若し事実ならんには恐る世界の人をして日本に軍艦なきかとの疑いを生ぜしむるあらんことを」と書いている。いや、何も新聞だけではない。有栖川宮威仁親王（一八六二〜一九一三。皇族・海軍軍人）も明治天皇に「生存者を護送するため、自分が高雄艦長としてトルコに行きたい」との一書を送っている。

こうした世論にも押されて、政府は早々と比叡、金剛両艦による送還を決定した。派遣決定の二十六日にはその旨が明治天皇に上奏され、勅裁も下りた。二十七日の官報には「土耳其軍艦遭難者の護送　土耳其軍艦エルトグロール遭難者は軍艦比叡、金剛にて護送することに裁可せられたり（海軍省）」と記載されている。

海軍には費用がないため海軍大臣は大蔵大臣に請求、大蔵大臣は一二万六四八七円六〇銭を第二予備金中より支出することに決めた。明治天皇は十月二日、比叡艦長田中綱常大佐を御座所に召して謁を賜り、御沙汰書を渡した。その内容は次のとおりだ。

……朕汝ニ命スルニ萬死ニ一生ヲ遁レタル遭難士及卒我軍艦比叡金剛ニ搭載シ本國ニ護送セシムルヲ以テス朕汝カ此使命ヲ全フスルハ信シテ疑ハサル所ナリ汝コンスタンチノープルニ航着ノ上ハ親シク土耳格帝ニ謁シ朕カ悲嘆ノ衷情ヲ陳述シ併テ朕カ友誼敦厚ノ誠意ヲ致スベシ（『明治天皇紀』）

比叡、金剛は二二八四トン（二二〇〇トンという資料もある）の姉妹艦でイギリス製。設計者はのちにイギリス造船総監になるエドワード・リードだ。一八七八（明治十一）年に竣工して日本に回航されてきた。速力は一四ノット出る。両艦はエルトゥールル号の生存者をトルコまで送致することを任務とし、またアブデュルハミト二世宛の書簡及び贈り物を携行していたが、もう一つ、両艦に乗船する少尉候補生の練習航海も兼ねていた。ことに帰路は「候補生の練習を主とすべし」という海軍大臣・樺山資紀（一八三七〜一九二二）の訓令も出ていた。もともと両艦は少尉候補生を乗せて日本沿海を航海する予定で、すでに準備中だったのだが、そこへトルコへの航海命令が出たという経緯がある。神戸で生存者を乗せたあと、最終目的地イスタンブールまでの寄港地は長崎、香港、シンガポール、コロンボ、アデン、スエズ、ポートサイドと決まり、十月七日に横須賀を出港、神戸に向かった。八日午後四時頃エルトゥールル号の遭難した紀州大島樫野崎を通り、神戸に着いたのは十月九日午前四時。遭難者達のうち士官五人は前日（八日）夜七時、兵庫県知事林董の自宅に招かれ、八重山艦長三浦大佐、尾越書記官、東條外務課長らとともに饗応の席に着いている。彼らは宗教上の理由から普段酒を飲まないが、この日ばかりは勧められるままに大盃を重ね、酩酊した士官もいたという。また九日には、生存者達は和田岬消毒所の停留所の病室に集まり、いよいよ故郷に帰ることができるというのでうれしさのあまり踊り（新聞は「トルコ踊り」と報じている）を踊っている。

神戸出発

神戸でエルトゥールル号の生存者を両艦に乗船させ、出発したのは十一日午前二時。実は十日に出港する予定だったのだが、思わぬ出来事があって遅れた。前述したように、日本赤十字社から当地に出張していた医師、野島與四郎が自殺を図り、トルコ遭難者達の治療に当たっての病床日誌が未整理で、出港に間に合わなかったからだ。また、解纜が遅れた理由がもう一つある。前日の十日が金曜日だったためである。この点については十月十一日付の『神戸又新日報』が「元来我が海軍にてはかつて金曜日に不祥の事ありたる由にて金曜日に出港することは大いに忌むの傾きあり。昨日はあたかも金曜日に相当せしをもって」土曜日に出港を延ばしたのだ、と伝えている。

ともあれ比叡、金剛の両艦は十一日に出発したのだが、六九人の生存者のうち比叡には三四人(士官三人、準士官一人、水兵三〇人)、金剛には三五人(士官三人、水兵三二人)が乗船した。ちなみに六九人のうち重傷者四人は和服を、その他の者は新調の洋服を着用した。長崎に着いたのは十三日午前八時。当地では両艦は三日間碇泊したが、二日目の十四日には比叡、金剛両艦の親睦会が長崎有数の割烹店「藤屋」で開かれている。

門出を祝して酒を飲んでいる最中、比叡艦長の田中綱常が立ち上がって演説した。田中艦長は「我々は今宵ここに会して前途の安全を祈り、あわせてトルコ人の健康を祈り、さらにトルコ政府が再び軍艦を日本に派遣してなお一層両国の交誼を深めることを祈る」旨を述べた。これに対して比叡乗り組みのトルコ士官アリ・エフェンディも立ち上がり、「我々は帰国後天皇陛下の恩旨（おんし）を伝えるとともに広く日本人の厚情をトルコ同胞に告げ、これを新聞に披露するつもりである。諸君が我がトルコ政府から贈られた勲章を胸にかけて日本に帰られんことを祈る」と述べ、拍手喝采を浴びたと『時事新報』は紹介している。

長崎を出発したのは十月十六日午後四時。なお長崎では東京からきた外務省の堀越善十郎も比叡に乗り込んでいる。堀越は外務大臣・青木周蔵の意を受け、日土条約締結の可能性を探るため乗船したのだった。途中十七日夜、海が荒れて船が大いに揺れたとき、アリ・エフェンディが何を思ったか突然起きて衣服をあらため、ブリッジに上がってきてコンパスをのぞいたり士官室でバロメーターを見たりしてまた寝に就くと

トルコ将兵と比叡金剛乗組員

いう一幕もあった。翌日の朝食のときに話がこのことに及ぶと、エルトゥールル号の乗組員五八七人が無惨な死を遂げたのは風波のためで、アリ・エフェンディが昨夜の風波に驚いたのも無理からぬことだと皆で言い合ったという。無事に香港に到着したのは十月二十一日午後二時。比叡よりイギリス女王陛下へ二一発、香港大守へ一一発の祝砲を放つと、砲台ならびにイギリス旗艦ビクトル・エマニエル号よりの返砲が轟然と響き渡った。

香港を二十六日に出発、シンガポールに到着したのが十一月一日午後三時。シンガポールではちょっとした出来事が起こる。司馬遼太郎の『坂の上の雲』から引用する。

十一月一日、シンガポールにつくと、この地にいるトルコ人の有志や回教の僧侶たちが艦にやってきて、同国人からあつめた寄付金をかれらに渡した。

金は相当の金額であった。奇妙であったのは、かれらトルコの下士官・兵の代表はそれをとりまとめ、比叡の一番分隊長坂本一大尉のもとにやってきて、

「これを日本側においてあずかってもらいたい」

と、懇願したことである。坂本大尉は、

「それはすじちがいではないか」

と、ことわった。金はトルコ士官にあずかってもらうべきであり、わざわざ日本士官にあずけることはあるまい、というのがその理由であった。が、かれらはかぶりをふった。

「あなたはトルコの実情を知らない。トルコでは士官をはじめ支配階級はすべて腐敗しきってい
て、これほど信用できぬものはない。かれらに金をあずけることは盗賊に金をあずけるようなもの
だ」

といった。

坂本大尉はやむなくそれをあずかることになり、帳面をつくり、金額を書き入れ、あずかった。この挿話ひとつをみてもトルコ帝国の秩序が相当腐敗していることを一同は知った。

坂本大尉（のち中将）の「土耳其軍艦エルトグロール生存者送還談」（『日土協會會報―日土修好五十周年記念特輯』第二十三号）」にも下士官や兵士からお金を預かってくれと持ちかけられた話が載っている。

シンガポールでは同地の僧侶や有志たちの要望に従って生存者に初めて上陸許可を与え、夜になって帰艦させた。シンガポールを出たのは十一月八日の午前八時半。コロンボまでは八日間の航海だ。

その間、当初の目的に従って戦闘訓練も行われた。たとえば十二日の朝八時には突然としてラッパの音が比叡艦内に鳴り響いたと思ったら「敵は金剛にあり、撃て撃て」と号令がかかった。すると一隊の銃卒がデッキに腹這いになって金剛を狙撃する、という具合だった。こうしてコロンボに着いたのは十一月十六日午前八時半。コロンボでも僧侶たちからシンガポール同様の要望があり、ここでも生存者に上陸許可を出した。

そのコロンボでは生存者の脱走騒ぎも起きた。比叡、金剛の両艦に乗っていた二人が打ち合わせ

て脱走を図ったものらしかったが、金剛に乗っていたほうは艦を出たもののすぐ連れ戻され、比叡に乗っていたほうは番兵と押し問答をしているところで止められた。「今後もしこういうことがあれば日本海軍の軍規に従って監禁する」といい聞かせたところ、以後脱走騒ぎは起きなかったという。

ポートサイド

両艦がコロンボを出たのは十一月二十日午後二時。ここからアデンまでは十一昼夜の航海予定で、全行程中いちばん日数がかかるが、十一月三十日午前九時半、予定より少ない十昼夜で無事アデンに到着した。アデンを出発したのは十二月二日午前九時。ここから紅海に入る。航海もはや二カ月に及び、この頃には生存者のうちの負傷者も順次回復、まだ傷が回復しないのは比叡に乗っているひとりのみとなった。金剛に乗っていた士官ムスタファー・エフェンディなどはある日軍医長のところにやってきて「あなたは私に新しい足をくれた恩人だ」と普段のひょうきんさとは打って変わった大真面目な表情でいい、軍医長をおかしがらせた。彼はエルトゥール号の主計官だったが左足に大怪我を負い、日本赤十字社からもらった杖にすがって歩いていたのだが、もうほとんど全快、「杖は帰国後室内に飾って長くその恩を忘れないようにしたい」とホクホク顔で軍医長に語ったという。

紅海を通過してスエズに到着したのが十二月十日午前六時半。前日スエズ湾に入ったあたりから急に寒くなった。スエズでは比叡、金剛両艦ともドックに入って艦内外を塗り替えた。威を正して地中海に入りたいから、きれいにしておこうというわけだ。このためスエズには一週間ほど滞在してポートサイドに向かったのは十二月十七日払暁。その夜はイスメリア（イスマイリア）で一泊、十八日早朝にイスメリアを出発してスエズ運河を渡り、同日午後三時、ポートサイドに着いた。寒いが相変わらず天気はいい。

ところがここポートサイドでは思わぬことが両艦を待ち受けていた。ポートサイドに入港した次の日の十九日、赤帽を夕日にきらめかせて両艦を訪ねてきたのは四十歳前後と見える眼光鋭い将校。大礼服を着込んだこの男はアリ・リザベーといい、トルコ海軍の大佐だった。皇帝アブデュルハミト二世の命により、二十日も前から両艦の到着するのを待ち構えていたのだという。アリ・リザベーはさらにこんなことをいった。

「ダーダネルス海峡は通れないからイスタンブールには行けない。ついては生存者もダーダネルス海峡の入り口にある古都ベシカで引き渡してくれないか」

アリ・リザベーは時の海軍大臣ハッサン・ヒュスニュ・パシャの娘婿である。エルトゥールル号と運命を共にしたオスマン・パシャも同じくハッサン・ヒュスニュ・パシャの娘婿であったから二人は義兄弟に当たるわけで、因縁浅からぬ関係にある。海軍大臣の命を受けてポートサイドにまでアリ・リザベーが出迎えにきたのも、その関係からなのだろう。彼によれば、クリミア戦争後の一八五六年、パリ条約で他国の軍艦はダーダネルス海峡を通過させられなくなった。その後皇族等の召された軍艦のみ皇帝の意を以てダーダネルス海峡を通過させたところ、欧州列強国からはすこぶる評判が悪く、ますます他国の軍艦の海峡通過が難しくなったという。アリ・リザベーによると、比叡、金剛の両艦をコンスタンチノープルの湾上に案内して歓迎したいのはやまやまだが、そういうわけでそれはできない。両艦にはダーダネルス海峡の外のベシカに行ってもらい、ここでエルトゥールル号の生存者を受け取るよう命令を受けた——というのである。ベシカからは比叡、金剛の両艦乗組員達を小舟でコンスタンチノープルまで送り、乗組員達には遊覧見物を自由に行ってもらう、とのことだった。

これを聞いて比叡の田中綱常艦長は予想外の出迎えに驚き、色をなしてこう反論した。

「私は国書を奉じてここに来ている。わが天皇陛下よりトルコ皇帝陛下に贈られる品々をも携えている。比叡艦長田中綱常は天皇陛下の命を奉じてあくまでも比叡、金剛でコンスタンチノープルに赴かんことを希望する」

これを聞いたアリ・リザベーは恥じ入ったような表情を見せ、「それほどの重い使命を帯びているとは知らなかった。さっそく電報でその趣をわが政府に伝えます。たぶん返事は二十四時間以内に来るでしょう」といって甲板に出た。甲板にはエルトゥールル号の生存者が長旅の疲れも見せずに立ち並び、アリ・リザベー大佐はこれを一通り見てからまた日本の厚情に礼を述べて帰って行った。

生存者引き渡し

ところが、二十四時間以内に来るという返電は十二月二十一日になっても来なかった。田中はとにかくベシカまで艦を進めようと、リザベーを比叡に乗せて二十二日の午前八時ポートサイドを抜錨した。しかし北風が強く、いまにも船が砕けそうにギシギシと不気味な音を立てるのでやむなく減速、当初は時速九マイルだったのを八マイル、六マイル、五マイルと減じ、ついには二マイルにまで速力を落とした。雨も激しく、航行すこぶる困難で、比叡は僚艦金剛の行方を見失った。こうしてノロノロ航海の末ベシカ近くのユクリ浦に着いたのが二十六日午前十一時。ユクリ浦のほうがベシカより碇泊に便利だからだった。夕方になって行方不明の金剛が姿を現した。聞けば強い風雨のためスタンペラ島という島で一夜を明かし、ようやくベシカに着いたのだが、遠くユクリ浦のほうに比叡の帆柱が見えたので、急いでこちらにやって来たのだという。

翌二十七日朝、一艘の外車輪船がトルコの赤い旗を翻して比叡、金剛両艦の左のほうに止まり、すぐに一隻のボートを降ろして一人の海軍少将を乗せてやって来た。年の頃は六〇歳くらいで、太っている。頭髪はすでに白く、赤帽に映じて老将軍たるにふさわしい。比叡のキャビンに招いてそのいうところを聞くと、彼の名前はハッキ・パシャといい、式部長官海軍少将だった。また彼の船の名はトルコ海軍の運送船タラワ号で、トルコ皇帝の命により遭難者をここで受け取るとともに、比叡、金剛両艦員をコンスタンチノープルに移送するためにやって来たのだという。ポートサイドにアリ・リザベーを派遣し、今また式部長官ハッキ・パシャを出迎えのために寄越したのは、日本の軍艦がダーダネルス海峡を通ることができないことへのせめてものトルコのお詫びのしるしと見えた。

しかし田中綱常比叡艦長はこの申し出を断わった。いかにも貴国の遭難者はここでお渡しするが、このような不安全な埠頭にわが軍艦を残してコンスタンチノープルまで行くことはできない。比叡、金剛はこれより遭難者を降ろし、北緯三九度、東経二七度の良港スミルナ（現在のイズミール）に碇泊して再報を待つ。貴下は遭難者を乗せて帰り、もう一度皇帝陛下に奏上してわが両艦がダーダネルス海峡を通れるように取り計らってほしい――というのが田中艦長のいい分だった。ハッキ・パシャはこれを了承していったんタラワ号に戻り、比叡と金剛では遭難者たちの引き渡しの準備を始める。

引き渡しの旨をトルコの遭難者に伝え、その用意が整ったところで、日本兵が甲板に整列。それに対して、トルコの遭難者達は、国の風習なのだろう、いちいち日本の水兵に抱きつき頬と頬とを擦り付けて別れを告げた。両国の士官達は艦長室に集まり、田中艦長とアリ・リザベーがまず両国陛下の健康を祝し、それからみんなが一斉にシャンペンの離盃をあげ、互いの健康を祝した。士官達は食卓につき、別れの宴となる。アリ・ベーなる士官は立って、かねて習い覚えた小唄を唄いだした。

宮さん宮さんお馬の前でヒラヒラするのはなんじゃいな
トコトンヤレトンヤレナ

これにみんなが手拍子をうち、盃の数も重なるが、トルコの士官達はいっこうに寛ぐ様子がない。そして、「御一緒に帰れないのは残念だ」、「この船でコンスタンチノープルに乗り込めないのが悲しい」と繰り返し繰り返し同じことをいって塞いでいる。

別れのときがきて、皆甲板に出れば、ひょうきん者である三等機関士のアリフ・エフェンディは眼の縁を赤くして今にも泣き出さんばかりで、ろくに別れの挨拶もしないで、愁然と手を握り、黙ってボートに乗り移っていった。

「アリ・リザベーは舷門の所まで送る我々に挨拶しつつ来りしが満腔の悲嘆、ここに至りて堪え難くやありけん、ワッと叫びて大砲の上に俯伏したり。人々是はと驚き扶け起こさんとすればこらえこらえ溜涙宛（さながら）ら滝の如く前後不覚に泣き沈むさま二十六歳の男子とも思はれず漸（ようや）くに手を取りて舷門を上がればアイアム・ヴェレー・ソリーと続け様に云いながら啜り上げ啜り上げ階子踏む足もしどろにボートに乗るや否や堂と転びて顔さえ得上げず片手を掲げてハンカチーフを打ち振り打ち振り出て行く」（『時事新報』明治二十四年二月十四日）

独立国とは名のみ、生存者を送ってくれた恩人をイスタンブールまで案内できないことを恥じるアリ・リザベーの心中を思い、比叡、金剛両艦の乗組員たちも涙を流したという。タラワ号がいよいよ出航するとき、遭難者達はタラワ号の甲板に出てしきりにハンカチを打ち振って別れを惜しんだが、やがてその影も見えなくなった。かくして生存者引き渡しは無事に終了したのである。

イスタンブール到着

翌十二月二十八日、両艦はとりあえずスミルナに向かうが、この時点ではダーダネルス海峡に入る望みはほとんどないものと思われた。スミルナ港に着いたのが二十九日夕刻。スミルナの賑わいぶりは聞きしに勝るものだったが、碇泊の用意も終わり、今年はここで暮れるのかと一行が思っていたところ、夕食が終わった頃に突然トルコの砲兵大佐マホメット・ベイが電報を携えて比叡艦長に面会を求めてきた。何事かとキャビンに通して田中艦長が話を聞くと、日本の両軍艦にダーダネルス海峡に入るのを許すことを貴艦に伝えるようにという電報をトルコ皇帝陛下から受け取ったという。その電報に加え、もう一通の電報もあった。こちらはダーダネルス海峡において海軍少将ハッキ・パシャが田中比叡艦長に宛てたもので、封を切って中を見るとこんな文面だった。

「スミルナ港碇泊日本帝国軍艦比叡にて

艦長田中綱常君　足下

ただいま余は土耳其皇帝陛下の書記官長より電報を受け取り候。陛下は軍艦比叡、金剛のコンスタンチノープルに来航する事を許し給へり。ついてはこの電報の達し次第ただちに解纜してダルダテール（ダーダネルス）に御進航相成度御着を待ち我等御案内致候て共にコンスタンチノープルに進行可仕候間御解纜の時刻御一報奉願上候　頓首

ハッキ・パシャ」（『時事新報』明治二十四年二月十三日）

これで形勢は一変し、両艦は堂々とダーダネルス海峡を目指して航行できることになった。都合があって中一日置いた一八九〇（明治二十三）年十二月三十一日、勇んで両艦はダーダネルス海峡に向かったのである。

ダーダネルス海峡を通過してイスタンブールに入港、ドルマバフチェ宮殿近くに碇泊したのは一八九一（明治二十四）年一月二日正午。碇泊するや欧州各国の海軍士官を始めトルコ官吏の来訪は目まぐるしいほどだった。みんなこの航海をたたえ、軍艦の立派なことをほめた。アリ・リザベー海軍大佐はベシカで泣いて別れたが、ダーダネルス海峡内のチャナカラで今度は笑ってまたもや比叡に乗り込み、イスタンブールに到着するとすぐに報告のため一番で上陸していったが、夜八時になってあわただしく比叡に戻ってきた。案内も乞わずに艦長室に入って来たので艦長が驚いてその来意を尋ねると、「我が皇帝陛下におかれては日本天皇陛下よりの結構な贈り物があると聞（きこし）召され御機嫌斜めならず、一刻も早くこれを見んと夜の明けるを待つ能わず即刻その贈り物を受け取り来れとの詔（みことのり）により罷り越した」という。唐突な申し出に艦長は驚いたが、皇帝の希望だからということで、明治天皇からの贈り物（大花瓶、金製太刀など）をそこで渡した。アリ・リザベーはさっそく贈り物をボートに移して立ち去った。

この日より比叡、金剛両艦長及び士官の宿舎にはドルマバフチェ宮殿があてられ、肉や水など一切の糧食、さらにその他機械類や石炭までもがトルコ側から提供された。滞在中は自由な行動を保障され、そのための小蒸気船が常に待機、また御料の馬車数輛もいつでも使えるよう控えていた。接待委員にはアリ・リザベーやハッキ・パシャなど英語に堪能な者が選抜されていた。

そして一月五日、いよいよ両艦長と士官たちはアブデュルハミト二世に面会するため七輛の馬車に分乗して宮内省正殿に向かった。彼らは大礼服姿の首相、外相、侍従長ら高官の出迎えを受け、田中艦長らはトルコ皇帝に拝謁した。そして皇帝に親書を捧呈。皇帝は生存者送致の礼を述べ、さらに別室に待機していた士官を謁見して、その労をねぎらった。午後五時からは陪食となった。総理大臣、陸海軍大臣、外務大臣など高官一二人が席に連なり、その中にはプレヴナの戦いで勇名を馳せたガジ（常勝）・オスマン・パシャもいた。卓の中央には天皇から贈られた大花瓶が飾られていた。皇帝は隣の田中に滞在中はどこを見てもかまわないと話し、日本の海軍のこと、贈り物の大花瓶の製法のことなどをたずね、さらに日本の天皇陛下にお礼として馬を贈ることを伝えた。

帰国へ

皇帝拝謁後の両艦一行のスケジュールは以下のとおりである（波多野勝「エルトゥールル号事件をめぐる日土関係」、池井優・坂本勉編『近代日本とトルコ世界』による）。

八日　首相、海相と共にイギリス公使を訪問
九日　観兵式陪観、皇帝と会食
十日　陸・外相、露公使、墺公使、伊公使を訪問
十一日　宮内書記長官、警視総監訪問
十六日　観兵式陪観

十七日　海軍造船所見学
十八日　海軍兵学校見学
二十日　陸軍造兵場見学
二十一日　英公使来館、皇帝の強い要望で宮内省にて日本の剣道を天覧
二十三日　観兵式陪観、皇帝と午食。宮内省において柔道、相撲天覧
二十五日　ギリシャ公使を訪問
二十六日　出港予定だったが金剛修理のため二月一日に変更
二十七日　米公使を訪問
二十八日　艦船において夜会催す
二十九日　米公使来訪。皇帝の使者より御贈品受け渡しの話あり（刀、拳銃、机、トルコ製大敷物、油絵、煙草）。また出港延期要請あり
三十日　宮中陪食。芝居見物
三十一日　ボスフォラスにある陸軍幼年学校、医学校見学
二月一日　接伴委員長来訪

一行は都合四十日間もイスタンブールに滞在したのだが、これをみるとなかなか多忙なのがわかる。

毎週金曜日には皇帝陛下が国民に代わって寺院に行って祈禱することになっているが、ここにも比叡、

金剛両艦長や士官、兵卒までが見学のために呼ばれ、寺院に行く途中、おびただしい人たち（赤帽の男性、顔を隠した婦人たち）が日本人見物のため表に出てきたという。祈禱のあとは観兵式があり、そのあと皇帝と午食を共にするのが常だった。一月九日、十六日、二十三日、三十日などはすべて金曜日である。二十三日の柔道については、坂本一大尉がこんなことを話している。

「そしてあるとき接待委員長からトルコに入ってくる軍艦は砲数が決まって居って、砲数何門以下――六門以下の艦ならばコンスタンチノープルの港に入ることができる。そんな艦が各国から来た時分には、いつでも茶番狂言のようなものを催して、そうして皇帝陛下の御覧に入れることがあるらしい。それで日本の軍艦にもそういうものがあると思うから一つトルコ皇帝の天覧に供されたい、こういう話があった。そういう思召ならば、日本には柔道というものがある。また兵隊は茶番もやるからそれを御覧に入れるというわけで、宮中で柔道をやり、下士卒は茶番狂言をやることになった。一日その場所を見てくれというので行ったところが、何ぞ図らん、宮中に立派な芝居小屋がある。そしてそこで一番異様に感じたのは、皇后陛下その他女官の御覧になる所は御簾がかかっておって、外からは顔が見えない。その御簾は小さい目になった物で、内から見るとよく見えるが、外からは一寸見えないようになっている。そこで候補生は柔道をやって御覧に入れ、また下士卒は茶番狂言をして天覧に供した。そうした所が非常に御満足になって、柔道をした者、茶番狂言をした者、ならびにこれに付いてそばで世話した者達に、それぞれトルコの技術賞というメタルを持ってきて、どうぞこの人達にこれを皆やってくれということで、技術賞を持ってきた」（『日土協會會報――日土修好五十周年記念特輯』）
もっとも、柔道はいいが、茶番狂言（相撲を指すらしい）で技術賞というのは体裁が悪いから、下士卒にはメタルよりもお金のほうが喜ぶ旨を話したら、皇帝陛下はお金も技術賞と一緒にくれた、と坂本大尉は語っている。また士官には皆勤賞と救難賞を下賜されたという。
両艦の一行が最後の歓待を受けたのが二月七日。皇帝陛下に拝謁、陪食のあと、天皇陛下及び小松宮殿下への親書を受領して別れた。詳しくは後述するが、帰国にあたって皇帝から「両国交流のためには互いの国情を知り、また互いの言語を知る必要がある。ついては誰か士官を一人トルコに残してくれないか」との要望があった。しかし帝国海軍の士官を残していくわけにもいかないので時事新報記者の野田正太郎に白羽の矢が立ち、彼がトルコに残ってトルコ士官に日本語を教え、さらに野田自身もトルコ語を勉強することになった。
別れに際してアブデュルハミト二世は刀や拳銃、机、馬などといった明治天皇への贈り物とともに、侍従武官大尉メーメッド・ムーラベーを特使として両艦に乗せている。こうして両艦がトルコの各艦船に見送られてイスタンブールを離れたのが二月十日。金剛に乗り込んでいた大山鷹之介という人物の書いた本（『土耳其航海記事』自家版）によれば「土耳其人民ハ海岸に群集シ送別ノ意ヲ表センガ為メニ口ニ手ニ或ハ『ハンカチーフ』ヲ振リテ諸君ノ安全ナル航海ヲ祝シ併セテ帰国センコトヲ祈ルノ声ハ脚然脚後四方八方ヨリ起リ来ル」という光景が繰り広げられたという。両艦の乗組員にしても別れは断腸の思いだったようだ。

比叡及び金剛は途中ギリシャに六日ほど逗留したのちアデン、コロンボ、シンガポール、香港と往路とは逆のコースをたどって五月十日にようやく品川に到着した。五月二十七日には比叡艦長田中綱常が明治天皇に召されて御座所に行き、遭難者送致の顚末、トルコにおける歓待の状況、アブデュルハミト二世に謁見した際の様子などを奏上した。また皇帝より刀、拳銃、机、大小敷物、油絵、煙草、さらにはアラビア産駿馬四頭を贈られたことも言上している。同日には四頭の駿馬などを託された侍従武官大尉メーメッド・ムーラベーも参内、鳳凰の間で天皇に拝謁、勅語を賜っている。エルトゥールル号の生存者を送致し、アブデュルハミト二世に明治天皇の親書を届けるという一大事業は、ここに無事完了したのだった。

ところで、エルトゥールル号の悲劇は当時トルコ本国ではどう受け止められていたのか。老朽船で日本までの航海を強行したことについて、アブデュルハミト二世への批判があってもおかしくなかったが、そういう批判は実はまったくなかった。小松香織によると（『オスマン帝国の近代と海運』）、イスタンブールでは、この悲報は報道規制され、「エルトゥールル号の航海は西欧列強の植民地支配下におかれたインド、東南アジア地域のムスリムに希望を与え、遠く日本海域にまで栄光のオスマンの旗をなびかせた偉業であったと讃えられた」という。そして犠牲者はイスラームの殉教者とみなされ、遺族に対する弔慰金の募金活動が新聞紙上で大々的に行われた。

なお、〝赤い狐〟の異名もあったアブデュルハミト二世の失脚は一九〇九年。彼は一八七六年に憲法（改革派ミトハト・パシャらの起草した、いわゆるミトハト憲法）を発布し、一時は立憲制も採用したが、一八七七〜一八七八のロシアとの戦争を口実に憲法を停止、さらに議会を閉鎖して専制君主として三十三年間にわたって君臨した。一九〇八年、青年トルコ党（統一進歩委員会）が武装蜂起した際、これに屈して立憲制の復活を認めたが、翌一九〇九年、反革命事件に関与したとして退位させられ失脚した。青年トルコ党の傀儡として第三十五代スルタンに即位したのはメフメト五世（一八四四〜一九一八）。アブデュルハミト二世の弟だ。

アブデュルハミト二世の在任中は、多くの犠牲者を出したエルトゥールル号の派遣に関する批判は封じ込まれていたが、失脚後、エルトゥールル号事件は彼の専制がもたらした悲劇として語られることになる。

第六章　義捐金

新聞社の活動

一八九〇（明治二十三）年当時、マスメディアといえば新聞及び雑誌だけだった。テレビはもちろんなく、「ＪＯＡＫ、ＪＯＡＫ、こちらは東京放送局であります」と芝浦の東京放送局から記念すべきラジオ放送の第一声が流れたのはずっとあとの一九二五（大正十四）年三月二十二日のことだった。雑誌はもちろん速報性に欠けるから、エルトゥールル号遭難の報道はもっぱら新聞が中心だった。主要紙を挙げれば東京では『郵便報知新聞』、『東京朝日新聞』、『やまと新聞』、『読売新聞』、『朝野新聞』、『日本』、『時事新報』、『毎日新聞』、『東京日日新聞』、『国民新聞』などであり、大阪では『大阪朝日新聞』、『大阪毎日新聞』、『東雲新聞』など、それに神戸では『神戸又新日報』である。

そんな中で、一八九〇（明治二十三）年九月十九日、真っ先に号外を出したのが前述の『東京日日新聞』だった。同紙は続く二十日にも「同情相愍（あわれ）む」と題した社説を載せている。その内容は「全権使節水師副提督オスマン侯を初め艦長士官水夫五百八十余名が溺死して海底の水屑となれり。ああ故郷を去る万里、来東の外客、族を故山に遺し、身を波濤に委ぬ、およそ人この報を聞て誰かために涙潜然たらざるものあらんや」と情に訴え、さらに、日本人と同じアジア人であり、しかも欧州から不当な扱いを受けている点でも同じトルコ人が進んで日本人に好意を見せているのに、いくら修好条約を結んでいないからといってこの惨状を放置しておくわけにはいかない。政府はこれを見殺しにするはずはなかろうが、我々国民も義金を募って遭難者の救護に当たるべきである——というものである。

そしてこの社説に続いて「土耳其人漂流者救済義金募集広告」の記事を載せている。その内容は次のとおりだ。

一　義捐金は一人拾銭以上とする。
一　義捐金は現金もしくは為替をもって本社に寄せらるべし。ただし為替は芝口郵便局宛に振り込まれたし。
一　本社義捐金を受け取りたる時は翌日の日日新聞紙上に金高と姓名とを掲げて、もって領受の証に代える。
一　義捐締切の期限は九月三十日限とする。
一　義捐金はまとまり次第これを適当と思考する官庁に依頼して配与を乞ふべし。

神戸の地元紙、『神戸又新日報』も同じく九月十九日に号外を出した。現在、この号外は未確認だが、やはり翌日には義捐金募集広告を出している。内容はほとんど『東京日日新聞』と同じだが、こちらの締め切りは十月十日となっている（のち五日に早まった）。関西では『大阪朝日新聞』も九月十九日に欄外記事で事件の第一報を伝えている。ただし『大阪朝日新聞』は義捐金募集では出遅れ、最初に募集広告を出したのは九月二十六日になってからだ。

東京では、『時事新報』が『東京日日新聞』に続いた。同紙は九月二十一日付紙面で「義聲（ぎせい）を天下に振ふ可（べ）し」と題した社説を二面に載せて弔意を表わすとともに、「土耳其軍艦沈没の悲惨」という記事を並べて掲載、冒頭で大きな活字でこう書いた。「廣く義捐金を募集して憐む可き罹災者の心情を慰め日本人の慈愛義俠を海外に表明せんとす」。

義捐金の受け取り手続きはほぼ『東京日日新聞』、『神戸又新日報』と同じで、一口一〇銭以上も変わりないが、ただ、申し込み期日は『神戸又新日報』と同様十月十日までとしてあった（のち十月三日に早められた）。

この「日本人の慈愛儀俠を海外に表明せんとす」が効いたのかどうか、『時事新報』は義捐金募集活動で他紙にくらべ圧倒的な好成績を収める。また同紙が翌々日二十三日の紙面で「土耳其遭難者の送還に付き」と題して、わが国の軍艦で送還すべきことを主張し、同時に「日本にも海軍あり」と書いたのも義捐金募集の点で大きかった。その内容は、ロシア公使が生存者をロシアの義勇艦隊でトルコまで送り届けようと申し出たが、これは筋からいってもおかしい、というものだった。さらに翌日には、「重ねて土耳其遭難者の送還に付き」と題して、「ロシアの軍艦にトルコ人遭難者の送還を任せるのは断固反対で、幸い、わが国には軍艦の備えがある。これを護送船に仕立てて遭難者を送還すればわが国の外国に対する礼節の厚さも示すことができるし、また海軍にとっては遠洋航海の訓練にもなる。これなら単に国礼のためだけに航海費を使うのではないわけだから、費用論などは論ずるに足りない。とにもかくにも事情の許す限りは日本人の厚情を世界に示すべきである」という内容の論を展開したのである。

一部にあった日本海軍による送還反対論に対する批判・反論であり、同時にロシアが遭難者の本国送還を申し入れたことに外務省が応じようとしているが、それでいいのかという反問・主張であった。

この『時事新報』の記事が世論を大きく動かした。同紙へ寄せられた義捐金はすこぶる多額にのぼった。募集広告を出したその日には早くも二〇〇余円の申し込みがあり、次の日も医科大学教授助教授教師より五〇円、侍従伯爵万里小路通房より一〇円、華族の相良頼紹より五円、文部次官辻新次が五円といった具合で、中には国民新聞社の職員が書状に二〇銭を添えて送金してきたりもしている。それ以降も毎日義捐者の名前が紙面に載っている。ことに目立つのは九月二十二日に送られてきた義捐金で、「今般土耳其軍艦エルトグロールの遭難は実に痛嘆の至にして我帝国海軍軍人にありては殊に其情に堪へず幸に貴社にて義捐金募集の挙あるによりいささか微意を表するため」という手紙に添えて、「日本帝国海軍高等官及婦人」という名前で実に一五〇〇円もの大金が寄付されたことだ。

現在のお金に換算すれば一〇〇〇万円を超える金額だろう（米価での比較なら約八九〇万円となるが、他の指標と比較するともっと高くなるケースもある）。

最終的に『時事新報』が集めた義捐金はなんと四二四八円九七銭六厘もの多額なものになった。真っ先に義捐金募集に取り組んだ『東京日日新聞』が四三〇円四六銭五厘（十月十四日時点、九月三十日の締め切りは守られなかった）だから十倍近い額であり、他紙を圧倒した。

ちなみにこれ以外の新聞社の義捐金募集についていうと、毎日新聞社は九月二十一日から義捐金募集を始めて一二八円五三銭四厘を集めた。同社はのちに東京日日新聞社と合併するわけだが、このときは東京日日新聞社の分と合わせて横浜正金銀行で仏貨二九八四フラン三六サンチーム額面の為替証書を作り、翌年の一八九一（明治二十四）年六月二十二日付の書簡を添えてオスマン朝に届けられた。また『神戸又新日報』は五三円七五銭を集め、この義捐金はトルコ人生存者に手渡された。『大阪朝日新聞』は一五四円二四銭を集めたが、比叡、金剛両艦の出発に間に合わなかったため手渡しできず、翌一八九一（明治二十四）年二月に大島に慰霊碑（遭難之碑）が建てられた際、その費用の一部にと寄付している（以上、義捐金の金額は中央防災会議『1890 エルトゥールル号事件報告書』による）。

時事新報記者・野田正太郎

義捐金の処置でこれらの新聞社とはいささか違った対応ぶりを見せたのが『時事新報』だった。同社は政府が比叡、金剛の二艦をトルコへ派遣、生存者の送還に踏み切ったとき、多額の義捐金を携えて特派記者を比叡に乗り込ませたのである。といっても現金ではなく、横浜正金銀行で当時のトルコ外務大臣サーイト・パシャを受取人とした仏貨一万八九〇七フラン九四サンチームの為替証書を作成、書簡とともに携行したのだ。特派記者は横須賀から比叡に乗り込んだが、出発までにはこの為替証書が届かず、このため同社では別の記者一人を急遽新橋発の東海道線の汽車で神戸に派遣、ようやく特派記者に渡すことができた。なお、当時の横浜正金銀行頭取は元外交官だった園田孝吉だった。高橋是清が頭取になるのはもう少し後のことになる。サーイト・パシャ宛書簡の内容は十月十一日の『時事新報』に掲載されている。

書簡（原文片仮名）はエルトゥールル号の遭難に触れたあと、こう続けている。

「下名の発行する時事新報は深くこの出来事を悲しみ、事の次第を紙上に詳記して義金募集の労を取ったところ、わずか二週目にして義金を投じたる者六千名、金額四千二百四十八円九十七銭六厘、すなわち一万八千九百七フラン九十四サンチームに達せり。今この義金を以て死者追弔生者慰藉の資に供せんと欲してその方法を求むるに、あるいは宗教上の儀式をあげて死者のためにするも可なるべく、あるいは生者のためにその艱苦を他年に伝える記念物を設けるも可ならん。その方法種々あるべしといえども、この方法の選択を挙げて閣下に委託し閣下の選ぶ所に従いてこの義金を消費せん是れ下名の者が義捐者と共に謹みて閣下に懇願する所なり。（後略）

時事新報発行人兼編集人代表者

日本東京　明治二十三年十月十日　伊藤欽亮」

軍艦比叡に乗り込んだ特派記者の名前は前出の野田正太郎。先に同社の義捐金募集期日が十月十日から十月三日に早められたことを紹介したが、これは比叡、金剛両艦の出発（品川発が十月五日）に合わせての変更だった。『時事新報』紙上で、野田はこう書いている。

「此度社用を帯び軍艦比叡に乗組みコンスタンチノプルへ向け出立致候早急の事にていづれへも御報知参上等の暇無之乍略儀紙上にて御暇乞申上候以上

十月六日時事新報社　野田正太郎」

野田正太郎は一八六八（慶応四）年一月に陸奥国（青森県）八戸町で士族の長男として生まれた。小さいときから神童の誉れ高く、一八八六（明治十九）年に奨学金をもらって慶応義塾に入学、卒業後は福沢諭吉の勧めで時事新報社に入社した。もともと時事新報社は福沢諭吉が設立した新聞社だ。

野田正太郎はこののち、随時比叡から『時事新報』に記事（「日本軍艦土耳其行紀事《ママ》」）を送ることになる。第一回目の記事は十月十二日号に掲載された。

さて野田正太郎が乗った比叡及び金剛の両艦がイスタンブール港に入ったのは一八九一（明治二十四）年

野田正太郎

一月二日。およそ三カ月の航海だった。そして六日になってやっと持参した義捐金為替手形をトルコ側に渡している。とはいえ、野田正太郎は当初の予定どおりに外務大臣サーイト・パシャに直接義捐金を渡したのではない。というのも、トルコでも悲報到達以来、全国から続々と義捐金が寄せられ、野田がトルコに着いた頃にはその額五〇〇〇ポンドという巨額のものになっていた。そのため義捐金に関する一切のことは「エルトグロール号遺族救済委員会」（レーゼ・ハサンパシャ委員長）が取り扱うことになっていたからである。

そこで野田正太郎はまず一月六日、海軍大臣のハサンパシャ（遺族救済委員会のハサンパシャ委員長とは同名異人）を海軍省に訪ねて日本から義捐金を携えてきたことを説明、それから次に遺族救済委員会のハサンパシャ委員長に面会、外務大臣サーイト・パシャ宛の書面並びに義捐者の名簿を添えて義捐金の為替手形を彼に手渡したのだ。

そして『時事新報』にはレーゼ・ハサンパシャ名義の受領証も掲載された。読者に義捐金をきちんと渡したことを知らしめるためだ。

受取の証
一金一万八千九百零七法（フラン）九十四参（サンチーム）
右は日本人民より贈られたる義捐金にしてエルトグロール遺族救済委員は時事新報特派員野田正太郎氏よりたしかに受領致し候者なり

一千八百九十一年一月六日
海軍省
エルトグロール号遺族救済委員長
レーゼ・ハサンパシャ　印

さらに野田正太郎は同じ日の『時事新報』でこう書いている。

かくして余は義捐金を委員長に渡したれども、委員長はなお外務大臣サイド（サーイト）・パシャに照会して同氏の捺印を得、しかるのち現金を落手するはずなりという。余の海軍省に至るや楼上楼下見る人山のごとく、室を出入りするたびごとに多くの官吏等四方を囲みて容易に足を運べぬほどなりき。けだし日本人の珍しきが故なるべし。

大歓迎されたというのである。
野田は歓待を受けた後、比叡や金剛と一緒に帰国せず、イスタンブールにとどまることになる。アブデュルハミト二世から「トルコの青年士官たちに日本語を習わせたいから誰か士官をひとり残してくれないだろうか」との要望があったためだ。帝国海軍の士官を勝手に残していくわけにもいかないしその余裕もないので断わり、「そのかわり時事新報の記者で義捐金を持ってきた野田正太郎という男がいる。彼ならいいでしょう」ということになり、野田がオスマン朝に残ることになったのだ。アブデュルハミト二世も非常に喜び、野田の寄宿舎には陸軍大学校を当て、陸軍大学校長が直接野田を監督するということになった。こうして野田は陸軍から選抜された三人の士官に日本語を教えることになって陸軍少佐相当官としての待遇を受け、同時に『時事新報』の海外特派記者としてこの後も同紙に記事を書き送ることになる。イスラーム諸国の駐在特派員としてはもちろん日本初である。付言すれば、さらに野田はのちに日本人初のイスラーム教徒となるのである。日本とトルコの交渉史に残る人物といっていいだろう。

一方、義捐金問題は何も新聞社だけにとどまらず、民間の団体や個人でも義捐金集めに奔走する人物がたくさん現れた。たとえば一八九〇（明治二十三）年九月二十四日には浄土宗学東京支校の学生が芝増上寺の大殿でトルコ軍艦及び武蔵丸、頼信丸犠牲者の霊を慰めるため大法会を催し義捐金を集めている。また九月二十六日には横浜禁酒会という団体が山手フェリス女学校で、翌二十七日には港座で演説会及び大幻灯会を催してエルトゥールル号に対する義捐金を募集している。さらに同年十月十一、十二日には日本橋蠣殻町の友楽館というところでトルコ軍艦遭難者のための義捐金募集の演芸会（落語、軍談、義太夫）が開かれたりもしている（こちらは主催者不明）。

山田寅次郎

こうした動きはあちこちで見受けられたが、なかでも特筆すべきが山田寅次郎という人物である。

山田寅次郎は一八六六（慶応二）年、沼田藩（群馬）用人中村雄左衛門（莞爾）、島（島子）の次男として藩主土岐家の江戸上屋敷（芝江戸見坂＝現在の東京都港区虎ノ門）で生まれた。二歳のときに明治維新となり、官軍が江戸に入ってきたために父と一緒に沼田に移り住む。そして数年後東京に出てきて、小学校を卒業すると横浜で英語学校に入学、さらにフランス人が経営するサラベル学校（横浜）でフランス語も学んだ。そして十五歳のときに宗徧流七世山田宗寿の養子となる。宗寿は父方の祖母に当たる。宗徧流というのは千利休の孫、千宗旦の高弟で「四天王」と呼ばれた門弟の筆頭・山田宗徧（一六二七～一七〇八）を流祖とする茶道界の名門だ。流祖の山田宗徧は赤穂義士の吉良邸討ち入りにも関係している。門弟である高家・吉良上野介義央（一六四一～一七〇二）邸宅で茶会があるのを、これまた門弟である大高源吾（赤穂義士の一人。一六七二～一七〇三）にそれとなく教え、赤穂義士たちはそのおかげで本懐を遂げるのだ。赤穂義士たちにとって恩人ということになる。この宗徧流は現在も続いている（鎌倉二階堂。当代の山田宗徧は第十一世。山田寅次郎の孫に当たる）。

話を戻すと、その後寅次郎は東京に戻り、十八歳で東京薬学校（現在の東京薬科大学）を卒業した。その後新聞記者になったり出版社を経営したりしていたが、二十四歳のときエルトゥールル号の遭難を知り、衝撃を受ける。せっかくトルコから皇帝の親書を携えてはるばる日本に来航して明治天皇に謁見したのに、コレラ禍に見舞われたあげく五八〇余名が遭難死したというのは、あまりにも痛ましすぎることだったからだ。

そこで寅次郎はすぐさま行動を開始する。各方面の知己に働きかけ、遺族への義捐金を集めようと思い立ったのだ。寅次郎は交遊範囲が広く、東海散士や幸田露伴（一八六七～一九四七）、尾崎紅葉（一八六七～一九〇三）らとも親交を結んでいた。また新聞『日本』の著名なジャーナリストだった陸羯南（一八五七～一九〇七）や福本日南（一八五七～一九二一）とも親しかった。彼の採った義捐金募集の方法は新聞社の協力を得て各地で演説会や演芸会をやることだった。演説会や演芸会を通じて人々の義俠心に訴えたのである。寅次郎の演説会の個人広告や新聞記事はあちこちに見られる。たとえば一八九〇（明治二十三）年九月三十日の『時事新報』にはこんな記事が出ている。

山田寅次郎

「土国遭難者弔慰金募集大演説会は明十月一日正午十二時より浅草公園第六区常磐座に於いて開会し、出席弁士は村田黄雲、山崎太吉、指原安三、古澤元雄、春日圓護、山田寅二郎等の諸氏にして聴聞は無料なりと」

もちろん山田寅二郎とは寅次郎のことで、寅次郎はこのほか川上馬喜とともに「土耳其軍艦義捐の演芸会」なども行っている。

寅次郎は演説会や演芸会を一年以上にわたって続け、こうして得た義捐金は最終的に五〇〇〇円にもなったといわれる。白米での換算では現在の三〇〇〇万円近くに相当する。これは各新聞社などが日本全体で集めた義捐金の総額ではないかという異説もあるが、ともあれ寅次郎がその義捐金を携えて当時の外相、青木周蔵を訪ねてトルコ政府への送金方法を聞いたところ、熟考した青木は、「これは君の義心に出でしものなれば君自ら携え土耳其に赴きては如何、近く海軍省より佛国ツウロン港にて我が新鋭艦松島が今回竣工せしため、海軍の将兵三百余名英船をチャーターして松島を回航すべく出発の準備中ときく、ついては海軍省へ貴下の便乗を許可ありたく本職よりも申し入るべけれど、貴下もまたその方面に願出られては如何」（山樵亭主人『新月　山田寅次郎』＝山田寅次郎の伝記）と助言した。

これに力を得た寅次郎は自らも当局に働きかけ、海軍大佐田中綱常（エルトゥールル号の生存者をトルコ本国に送還した軍艦比叡の艦長）らの許可を得て海軍がチャーターしたイギリス船「パサン号」に首尾よく乗船を許され、一八九二（明治二十五）年一月三十日に横浜港から出航したのである。エルトゥールル号遭難から一年四カ月後のことだった。

寅次郎はイスタンブールに行くため、まずエジプトの港、ポートサイドで「パサン号」を下船した。しかしイスタンブールへの船便は十日ほどないので、エジプトの首都カイロに遊んだあと、四月四日の早朝にイスタンブールに到着した。埠頭で税関検査を受け、馬車で外相サーイト（サイド）・パシャの官邸に行ったが、なにぶん言葉が通じない。そこで呼ばれたのが当時まだ士官たちに日本語を教えていた野田正太郎だった。官邸の者は英語が話せず、かれこれ一～二時間も話しているのだが、いっこうに用向きがわからないというので、官邸からの使いが野田を迎えに来たのだ。このときの情景を野田は『時事新報』の「金角江の船待ち」と題した記事（明治二十五年六月二十一日）の中でこう書いている。

……黒瞳童顔、我に似た人また一人、応接間に入りて一目見るより早く日本人と胸にこたえて飛立つように嬉しく、初対面の挨拶も口に出ずサアサアドウしたこと何の御用でと尋れば客は余の友人等より紹介状を取り出しそぞろに来航の次第を説出しぬ。客は東京三々文房主山田寅次郎氏にして今度日土貿易の端緒を開かんため若干の商品ならびに彼の頃より残りしエルトグロー号の義捐金を携え此地に到りしものと事早くもわかりければその趣をサイド・パシャにも述べ兎にも角にも我住居へござれ、ゆるゆる御話いたさんと心いそいそ陸軍大学校の我室に伴い来て取り敢へず土耳其の珈琲など出し客が遠航の土産話、主人が旅寝の憂さつらさ打ち解けて話して見れば早や十年の旧友のごとし……

異国の地で久々に日本人に会えた野田の興奮の様子がうかがえる。三々文房というのは寅次郎が経営していた出版社の名前のようだ。寅次郎は実業家でもあった。いったんホテルに引き揚げた寅次郎は午後三時に外務省を訪れ、ここで初めてサーイト・パシャと面会する。サーイト・パシャは六十四、五歳の穏やかな人物で、「遠路はるばるわが国に来訪されたことをたいへん嬉しく思います」と挨拶、その夜は寅次郎を招いて盛大な晩餐会を催してくれた。翌日になって寅次郎は再び外務省を訪ね、サーイト・パシャはそこで海軍省内に設けられていた「エルトグロール号遺族救済委員会」宛に義捐金を送付する手続きを取ってくれた。トルコ訪問の目的はとりあえず達成できたのである。

それから数日して、寅次郎はようやくアブデュルハミト二世に拝謁する機会を得た。寅次郎は山田家伝来の明珍の兜及び甲冑、それに陣太刀をアブデュルハミト二世に献上、アブデュルハミト二世からはメジディエ勲章を授けられた。寅次郎の献上した兜と甲冑、陣太刀は今もイスタンブールのトプカプ宮殿に陳列されている。その後、アブデュルハミト二世から外務大臣を通じて寅次郎に「わが国は日本との修好及び通商をかねてより希望しているが、それにはまず双方で言葉を理解することが必要である。そこで、しばらくの間当地にとどまって数名の陸軍士官に日本語を教えてもらいたい。貴下には教師をつけてトルコ語を教えることにしたい」という意向が伝えられ、寅次郎は快諾する。こうして寅次郎は陸軍士官学校の一室を与えられ、野田正太郎と一緒に士官たち（陸軍士官六人、海軍将校一人）に日本語を教えることになる。

寅次郎は結局、通算して十八年間もトルコに滞在した。この間、東伏見宮殿下、清浦奎吾、寺内正毅、近衛篤磨、乃木希典、細川護成、徳川頼倫、鍋島直映、福島安正、田健次郎、徳富蘇峰、伊東忠太等々、トルコを訪れた日本人たちのほとんどが寅次郎の世話になっている。アブデュルハミト二世も寅次郎には感謝し、のちになってアブデュルハリルというムスリム名を寅次郎に授けている。寅次郎はまた日露戦争の際も大活躍している。牧野伸顕（明治の元勲・大久保利通の次男。当時オーストリア公使。一八六一～一九四九）に頼まれてロシア帝国の黒海艦隊の動静をボスポラス海峡を見下ろす場所で監視、暗号電報でいちいち牧野伸顕まで報じている。監視中、商船に偽装した義勇艦隊の軍艦三隻を発見したこともある。日本はバルチック艦隊同様、黒海艦隊や義勇艦隊の動向にも注意を払っていたのである。

詐欺事件

一方の野田正太郎は惜しいことに病を得、二年で日本に帰り、すぐに病没した——と多くの資料に記されている。しかし事実は違う。一九〇〇（明治三十三）年七月十七日の『国民新聞』にその意外な消息が記されている。「（トルコからの）帰国後間もなく詐欺取財の廉にて捕縛されそれぞれ処刑となり満期出獄の後何を成し居るや一向に風評もなかりき。然るに今度北小路と共謀し金五百円を詐取せり」というのがその記事である。なんと詐欺事件を起こしていたのだ。

事件は次のようなものであった（千田稔『明治・大正・昭和　華族事件録』も参考に再現）。

正太郎は日本に帰国してからもしばらく時事新報に勤めていたが、やがて新橋、日本橋といった花街で放蕩し始める。そのうちに遊興資金がなくなったと見え、明治二十九年に詐欺事件を起こす。無断で知り合いの飯田旗明（横浜商法会議所書記長）を連帯保証人に仕立て吉原重邦という男から四〇円を借りたのだ。飯田はこの借金の返済を迫られ、怒って野田正太郎を私印私文書偽造の詐欺罪で警視庁に告訴、正太郎は吉原引手茶屋西宮から万華楼に行く途中で逮捕され、有罪判決を受ける。この頃にはもう時事新報記者をやめていたはずだ。

刑期を終えて出所した正太郎は南部盛岡藩の支藩である元八戸藩主の子爵・南部利克から若干の手当てをもらって家職となった。ようやく小さな仕事を見つけたという感じだろう。正太郎はこの子爵家を通して男爵・北小路俊岳と知り合う。そして二人は相談して内藤新宿北裏町に住む北小路俊誠親子に近づき、金をだまし取ろうと借金を申し込む。北小路俊誠は貧乏男爵である北小路俊岳と同姓だから、恐らく親戚なのだろう。

野田正太郎の代理という形で俊岳が俊誠の家を訪れると、俊誠は野田正太郎及び北小路俊岳が連帯保証人になるか、あるいは俊岳が保証人になれば金を貸すというので、俊岳は自分が保証人になることを俊誠に返答した。そのため俊誠はこの貸借を公正証書にするのだが、野田正太郎は前科がバレるのを恐れてか、自分の替え玉を公証人役場に行かせる。俊岳も「この男が野田だ」というので、すっかりだまされた俊誠は正太郎の替え玉に五〇〇円を貸すのである。

やがて返済期限が来る。北小路俊岳と野田正太郎はだまし取った五〇〇円をすっかり使い果たしていた。返済を催促しに俊誠が野田の家を訪れると、公証人役場に来た人物とは似ても似つかぬ別人であることがわかり、俊誠はびっくりする。「これはどういうことか」と問い詰めるが、正太郎は借金したのが自分であるとも自分ではないともいわない。そこで俊誠は「いずれ北小路俊岳に面会の上で、しかるべくご返事申す」といって正太郎の家を出て、その足で直ちに北小路俊岳を訪ねるが、あいにく不在。俊岳の老母が応対するがいっこうに要領を得ない。「これはもしかしたらだまされたのではないか」と不安になった俊誠は再度正太郎の家に戻るが、もう正太郎は逃げ出したあと。ここに至ってだまされたことを確信し、警視庁に二人を告訴した。これを受けて警視庁がすぐに調べたところ、北小路俊岳は遊び仲間である浅草・黒子兵蔵宅に潜んでいるのを発見、これを逮捕した。しかし正太郎はどこかに高飛びし、以降、その行方は杳としてわからなかった——。

この事件で野田正太郎は慶応義塾を除名となった（俊岳も爵位を返上させられた）。

同じくエルトゥールル号の遭難者の遺族のために義捐金を携えてはるばるトルコまで行った正太郎と寅次郎の二人だが、日土両国のために奔走する一方で実業家（のちに王子製紙に吸収された東洋製紙を創業、また現在も東証二部上場企業として活動している三島製紙の社長、会長も務めた）として成功、また宗徧流第八世山田宗有として茶道界でも活躍した山田寅次郎とはあまりにも対照的な後半生であった。

慰霊碑

エルトゥールル号殉難者の墳墓は樫野埼灯台の西南約三〇〇メートルの所にある。遭難地点である船甲羅から崖をよじ登った地点だ。前述したように、この墓地は一八九〇（明治二十三）年九月、エルトゥールル号遭難の直後につくられた。その墓地内に翌年の一八九一（明治二十四）年二月になって建立されたのが高さ約二メートルの「土国軍艦遭難之碑」で今も残っている。大島村村民は同墳墓に詣で、この墓碑を仰ぐたびに当時の惨事を追懐、「同時にその往時彼等の父兄が、殉難者並びに身に数傷を被り辛くも避難せる生存者の救護に尽くした功績を回想しつつ万感胸に迫るものがあった」と『日土親善永久の記念―土耳其國軍艦　エルトグルル號』では記している。

その墳墓は常に村民達が掃き清め、守護してきたが、一九二八（昭和三）年、大々的な追悼祭式典が企画された。企画者は大阪日土貿易協会。同協会は日本とトルコ間の親善を深め貿易の発展を願って一九二五（大正十四）年十一月に組織されたもので、会長は貴族院議員にして当時大阪商工会議所会頭だった稲畑勝太郎。理事長は前述した山田寅次郎だった。寅次郎は前後十八年に及ぶトルコ生活のあと帰国、大阪を中心にして財界活動を展開していたのだ。このほかにも同協会には森平兵衛、安宅弥吉、安住伊三郎などといった当時の政財界の有力者が名前を連ねていた。

追悼祭式典が開催されたのは一九二八（昭和三）年八月五日。和歌山県はもちろん、大島村も全面的に協力した。青年会は総員出動して式場に至る道路を新設、また婦人会は揃いの衣装を新調するなど準備を整えた。村の入り口には大きなアーケードが造られ、日本とトルコの両国国旗が飾られた。もっとも当日は風雨が激しく、式典は翌日六日午後二時、同村大島小学校に移して行われた。参列者はフルシー・ファット駐日トルコ国代理大使をはじめ和歌山県知事、軍関係者、日土貿易協会のメンバー及び大勢の地元民達だった。外務大臣や逓信大臣弔辞代読、商工大臣や海軍大臣の弔電披露などもあって式典は無事に終了したが、大阪日土貿易協会は追悼祭終了後、この式典を記念するため樫野崎の墳域に追悼碑を建立することを決め、かつ十年ごとに慰霊祭を行うことを決定した。多くの財政的援助も得て、翌一九二九（昭和四）年四月五日追悼碑が完成した。これも現在なお残っている。

一九二九（昭和四）年にはもうひとつ大きな出来事があった。昭和天皇の樫野崎行幸である。六月三日、昭和天皇は和歌山県巡幸の際、わざわざ樫野崎に立ち寄ってエルトゥールル号遭難者の墳墓を訪れ、碑前に挙手したのである。以降村民達は六月三日を村の祭日としている。

さて、昭和天皇の樫野崎巡幸を聞いて感激したのがトルコ共和国初代大統領のケマル・アタチュルク（一八八一～一九三八）であった。

ケマル・アタチュルク（アタチュルクは〝父なるトルコ人〟の意で、一九三四年、国会が彼に贈った称号。もともとの名はムスタファ・ケマル・パシャ）はサロニカ（現ギリシャ。ギリシャ語名テッサロニキ）生まれ。職業軍人として教育を受け一九〇五年に陸軍大学卒業後、シリアに配属された。イタリア・トルコ戦争（一九一一～一九一二年。伊土戦争、リビア戦争ともいう）やバルカン戦争（一九一二～一九一三年に二度にわたって戦われたオスマン帝国とバルカン諸国との戦争）に従軍、さらにトルコがドイツとの同盟によって参加した第一次世界大戦ではダーダネルスや東部国境で英仏軍と戦った。大戦後トルコ人にとって非常に不利な条件を含むセーブル条約が調印され（一九二〇年）、このセーブル条約によってイギリスやフランス、イタリア、ギリシャなどの戦勝国によってオスマン帝国の主要都市はことごとく武力進駐された。

そのまま推移すれば領土は分割されて国家としての存続は危うかっただろう。そこでケマル・パシャ（ケマルは〝完全な〟の意味）はアナトリア地方東部に同志を集めて国民軍を組織、祖国解放戦争を展開した。アナトリアからギリシャ軍を完全に撤退させたのが一九二二年九月。ここに至って他の連合国も撤退を開始、ようやくセーブル条約を見直す気運が生まれ、ローザンヌ講和会議にイスタンブールのスルタン政府とアンカラ（現在の首都）のケマル・パシャ政府の二つの政府が招請された。ケマル・パシャは一九二二年十一月、ついにスルタン制の廃止を宣言、六百二十三年の長きにわたったオスマン帝国はここに滅亡した。ケマル・パシャはローザンヌ条約の締結にも成功し、一九二三年十月に共和国宣言、初代の共和国大統領に指名され、以後三選された。

そのケマル・アタチュルク（明治天皇を尊敬していたことでも知られる）が昭和天皇の樫野崎行幸を聞いて樫野崎に新たに弔魂碑を建立しようと

慰霊碑

決心したのである。

墓地の改修及び新たな弔魂碑造りが始まったのは一九三六（昭和十一）年四月。建設の基礎工事として、まず各所の墓地に埋葬されていた将兵の遺骨を一カ所にまとめ、これを弔魂碑（墓碑）の真下に埋めた棺に安置した。墓地の場所は旧墓地のあった所を拡張したもので、用地は大島村が提供した。総面積は七四六平方メートル。新弔魂碑（大理石）の高さは一二・七五メートル、底辺の一辺約五メートルのトルコ式高塔だ。「海上遭難の意義を表現するため高塔とし、以て遥か熊野灘沖を行交う船舶より仰ぎ見得ることを考慮した」と『日土親善永久の記念—土耳其國軍艦　エルトグルル號』にある。和歌山県の松田茂樹営繕技師がトルコ大使館提示の原案に基づき設計した。

なお、墓地の改修及び新弔魂碑建設にかかるすべての費用はトルコ共和国政府が拠出した。墓地の完成は一九三七（昭和十二）年の六月三日。この日は昭和四年に昭和天皇が樫野崎に行幸した吉日で、大々的に除幕式及びエルトゥールル号遭難五十周年追悼祭（二年後に行われる予定だったがこの日に繰り上げられた）が行われた。当時その様子を見ていた浜健吾は『紀伊大嶋』で当日の模様を次のように記している。


当時小学生であったわたしは、日本とトルコの小旗を両手に持ち、先生に引率されて片道八キロメートルの県道を大島から歩いて樫野まで行き、式典に参加したのを思い出す。トルコ国大使の片言の日本語を交えての演説が印象的であり、しばらく腕白どもが真似をしたものだ……巡洋艦大井が海軍当局から派遣され、礼砲を撃ち鳴らした。また陸戦隊が弔魂碑前に整列して銃を斜めに構え、空に向かって慰霊の空砲を撃った。来賓の弔辞が次々と続き、海軍さんの恰好のよい礼砲発射以外、子どもの我々には甚だ退屈な式典だった。六月初めの樫野崎は燃えるように暑く、子ども達の何人かは日射病で倒れた。式典が終わってから燈台前の草原で、スマートな軍服を着たトルコ国海軍留学生が、我々小学生にプレゼントのノートや鉛筆を配ってくれた。

除幕式及び遭難五十周年追悼祭には政府、日本トルコ協会、陸軍省、和歌山県等々の高官や代表者、さらには樫野、大島らの近郊近在からも多くの人々が参集、総数で約五〇〇〇名が集まったという。

樫野小学校

この年の七月七日、盧溝橋事件が起こって日中戦争が開始され、一九四一（昭和十六）年十二月八日にはハワイ真珠湾攻撃とともに対米宣戦布告が出され、日本はついに第二次大戦の渦中に巻き込まれていった。一方のトルコでも弔魂碑建立の翌年（一九三八年）にアタチュルクが急逝した。そして第二次大戦中トルコは連合国側に付いたため、日本とトルコの親善関係は一時中断された。

しかし地元の大島では一八九〇年以来、五年ごとにエルトゥールル号の犠牲者の慰霊祭を執行してきた。特筆されるのは樫野の住民、ことに小学生たちが戦前からずっと墓地の清掃作業を続けていることである。もちろん第二次大戦中も欠かさなかった。このことはトルコの人たちにもよく知られており、戦後再び日本とトルコの関係が復活したあと、駐日大使や大使館付き武官などはエルトゥールル号犠牲者の墓地に詣でた際、必ず樫野小学校を訪れ、お礼の言葉を伝えている。一九七八（昭和五十三）年に樫野小学校が創立百周年の記念式典を行ったときにはジェラル・エイジオウル駐日大使（当時）から次のようなメッセージが届けられた（樫野小学校創立百周年記念誌『かしの』）。

本日樫野小学校創立百周年記念の式典が挙行されるにあたり、お祝いのメッセージを送ります。この事は駐日トルコ大使の私にとりましても、無上の喜びとするところであります。衷心よりお祝い申しあげます。皆様もよくご承知の通り樫野小学校には特にトルコ国政府およびトルコ国民にとりまして、明治二十三年、オットマン帝国の親善使節の乗艦エルトゥルル号がその帰途、当地の樫野崎沖合に遭難して以来、八十八年間本当に長い間お世話になりました。

移り変わりの激しい世の中でありますが、樫野小学校とトルコ国との固い絆は何のゆるぎもなく永遠に変わることなく子々孫々に受け継がれ、日土親善の礎となることでありましょう。この佳き日に当たり、樫野小学校が次代を担う世代の教育に一層励まれ、二百周年へのゴールを目指し出発点とならんことを衷心より祈るものであります

地方の一小学校の記念式典に一国の大使がメッセージを送るというのはきわめて異例といっていい

だろう。このジェラル・エイジオウル駐日トルコ大使の前身はトルコ海軍司令官（大将）。一九七一（昭和四十六）年に樫野崎の墓地でエルトゥールル号の臨時追悼祭が行われた際に参列していたく感激し、弔魂碑の諸寸法を採ってトルコへ持ち帰り、翌一九七二年六月二十三日、トルコのメルシン市（地中海沿岸の港町。人口約二五万人）に樫野崎の弔魂碑とまったく同じ記念碑を建てた。メルシン市沖の地中海で第二次世界大戦中、正体不明の潜水艦によって沈められ、その乗組員のほとんどが死亡したトルコ軍艦の慰霊碑と併せて建立されたもので、この縁でメルシン市は一九七五（昭和五十）年、串本町と姉妹都市となっている。なお付言しておくと、これより前の一九六四（昭和三十九）年十一月、串本町は黒海沿岸のヤカケントとも姉妹都市になっている。人口約二〇〇〇人のヤカケントは漁業とタバコ栽培の町で、樫野のたたずまいとそっくりなところから姉妹縁組を結ぶことになったという。これら二つの姉妹都市とは現在も交流が続いており、青少年の相互交流事業として毎年中学生を中心とした団の派遣、受け入れを行っている。今年メルシン市、ヤカケント町に青少年を派遣したら、次の年はトルコの青少年を受け入れるという相互訪問だ。

一方、長年墓地の清掃作業を続けている樫野小学校にはトルコ首相や駐日大使からよくプレゼントが届いた。たとえば一九八五（昭和六十）年には樫野小学校三六人の生徒宛にトルコ共和国のオザル首相からあめとココナツ菓子約一〇〇キロが届いている。同校の児童が年三回、遭難者墓地を清掃していることを聞き、感激したオザル首相（のち大統領）が送ってきたのだ。樫野小学校は現在、統合（平成十年）されて串本町立大島小学校となっているが、今でも毎年十一月には全校生徒総出で墓地の清掃作業にあたり、その折には墓前でエルトゥールル号の追悼歌も斉唱している。追悼歌の正式名称は「トルコ使節艦エルトグルル号追悼歌」(作詞・泉丈吉、作曲・打垣内正)といい、五年ごとの慰霊祭などでも樫野小学校児童によって歌い継がれてきた。ちなみにその歌詞はこうなっている。

一、陽は落ちぬ　悲しび深し
　はるけきか　一つ星なる
海鳴りの　いよよ冴えきて
　白塔の　ひらめきうつし
堪えがたく　祈る声とも
二、ああはるか　歳を経ぬるとも
　うち仰ぐ　波の旺（さか）らば
とつくにの　もののふあわれ
　船甲羅　うらみに呑みて
使節艦（つかいぶね）　とわに影なく
三、樫野なる　熊野の浦へは
　老い老いし　漁人（すなとりびと）ら
指さして　声をひそめる

風くろく　暴（あれ）の夜なりし
ああわれら　とわに語らめ

一九七四（昭和四十九）年には遭難慰霊碑の近くにトルコ記念館もできている。トルコ国との友情の証として、また今後いっそう日本・トルコ親善の契りを深めるとともに、国際的な友愛の精神を広く伝えることを目的として建設されたもので、エルトゥールル号の模型のほかに当時の遺品、説明文、写真、図表、遭難者名簿などが展示されている。冒頭に紹介した日韓共催サッカーワールドカップのトルコ代表チームのユニフォームもここに飾られている。

トルコ記念館

終章　救援機

イラン・イラク戦争

発生時は国民的な関心事だったエルトゥールル号の悲劇だが、しかしその記憶は串本町など一部地域の人を除いて時の経過とともに徐々に薄れてしまった。日本国民が再びエルトゥールル号事件を思い出したのはそれから実に九十五年後、イラン・イラク戦争の最中だった。

イラン・イラク戦争というのは一九八〇年から一九八八年にわたるイランとイラクの戦争だ。もともとペルシャ人国家のイランとアラブ人国家であるイラクの間では古くから紛争が頻発していたが、この当時もシャトル・アラブ川（チグリス川とユーフラテス川の合流する地域）の領有権をめぐって対立していた。争いはいったん収まったのだが、そこに起きたのが一九七九年のイラン革命だった。

イランはその頃国王パフレヴィー二世の治世だったが、その近代化路線に批判が高まり、一九七九年ついに革命が勃発した。国王がイランを出国すると入れ替わるようにしてパリからイスラーム教シーア派の指導者ホメイニ師（一九〇二〜一九八九）が帰国、革命のシンボル的存在として最高指導者になった。ホメイニ師はパフレヴィー国王への反対運動で一九六四年に亡命、イラクにおいて反パフレヴィー運動を続けていたが、その後イラクを追放され、パリで亡命生活を送っており、イラン革命の勃発で帰国したのだった。ホメイニ師は帰国するとすぐさま最高指導者として反米の旗を掲げ、同時にイスラーム法による国づくりに手をつけた。

そして起こったのが一九八〇年からのイラン・イラク戦争である。シャトル・アラブ川の領有権をめぐる争いが再び表面化し、同年九月二十二日、イラク空軍の本格的な攻撃を機についに全面戦争となった。イラクのフセイン政権はスンニ派だが、同国国内のイスラーム教徒はシーア派住民が約六〇％を占め、イラン革命をこのまま放置しておけば国内シーア派が勢いづき、政権の座が揺らぐこともあり得る。そう考えたフセイン大統領は短期決戦でイランを叩こうと攻撃を仕掛けたのだった。最初は軍事力で優位だったイラクに押されたものの、やがてイランが巻き返し、戦争は膠着状態になったが、イラン革命の〝輸出〟を恐れたアラブ諸国の多くはイラクを支援、イランは孤立する。しかしその裏ではイスラエルがイラン支援に動いたともされ、なかなか決着はつかない。一時はデクエヤル国連事務総長の調停で「住民居住地域への攻撃停止合意」もなされた（一九八四年六月）が、その翌年の一九八五年三月になると再び両国の応酬が激しくなり、六日には九カ月ぶりにお互いが都市攻撃を再開した。住民居住地域への攻撃停止合意は破棄され、ミサイルが激しく飛び交う事態（この戦争は人類史上初めてお互いがミサイルを打ち合った戦争だった。死者は一〇〇万人に及んだ）となった。

このときも攻撃の火ぶたを切ったのはイラクのフセイン大統領だった。イスラム諸国会議機構の調停失敗、国連の捕虜収容所調査団がイラクに不利な報告を出すなど、イラクにとって事態は思わしくなく、非難を覚悟で都市攻撃再開に踏み切ったのだ。これに対しイランのハメネイ大統領も「都市攻撃に報復する」と応じ、戦争はますますエスカレートしていった。たとえば三月八日にはイラクがイラン五都市（北部国境都市ビランシャール、南部前線に近いスサンゲルド、アバダン、ホラムシャール、ボスタン）を空爆すれば、同日イランはイラク第二の都市バスラを九時間にわたって砲撃するという具合だ。

また九日にはイラクがイラン内陸部のホラマバード、南部港湾都市アバダン、南部のデズフル、中部国境のパベ、ギラネガルブ、サルボレザハブなどの諸都市を無差別爆撃すれば、報復としてイランもすぐさまイラクの国境都市ハナキンの製油所など三都市を爆撃している。そしてついにお互いの首都も攻撃の対象となる。十一日にイランがイラクの首都バグダッドを爆撃、いきり立ったイラクは十二日未明、イランの首都テヘランを爆撃したのだ。爆撃の対象になったのはテヘラン市内北部。ここにはホメイニ師が住むジャマランモスクや国営放送局（ＩＲＩＢ）があり、また在留邦人のほとんどがこの近辺のナフト地区やザファール地区に住んでいた。当時のテヘランにおける在留邦人は商社マンや銀行マン及びその家族などおよそ八〇〇人だった。日本人学校もその地域にあり、このあたりが空爆にあったのだ。駐イラン大使の野村豊は大使館員とともに爆撃された現場に行ったが、さいわい日本人に被害はなかった。しかし、この調子だといつ日本人に死傷者が出るかわからない。

ここに至ってイラン側は「お互いに都市攻撃は中止しよう」と申し込んだが、イラクのフセイン大統領はこれを拒否、やむなくイランも都市攻撃再開を表明した。十三日には南部戦線でイラクが化学兵器を使ったとしてイラン側が非難している。イラクは前年の一九八四年、イラン侵攻作戦の際も化学兵器を使用、このときはイラン兵数千人が死亡して国際社会から批判を受けたが、ここで再びその化学兵器の使用に踏み切ったのだ。そして十四日にはホメイニ師の住居を狙ってまたイラクはテヘラン市内北部（タジリシ）への爆撃をしている。日本大使館があるところのすぐ近くだ。また翌十五日にもイラクの戦闘機二機が飛来、高射砲の弾幕をかいくぐって爆弾を投下、全市の電気が消えた。

事ここに至ってはやむなしと、イランの日本大使館が邦人に出国勧告を出したのが三月十六日。この日、イランが早朝イラクの首都バグダッドを攻撃したため、イラクの報復は避けられないことから、一刻も早く出国するようイラン在住日本人に対して勧告したわけだ。イラクの爆撃は夜に集中していたため、市民同様、ほとんどの日本人はろくろく眠れない日々が続いていた。ちょうど二十日から現地の正月休みに入ることもあって、多くの日本人が出国する予定で航空機のチケットを手に入れていたが、イラクの爆撃でテヘラン発国際便の運航中止が相次ぎ、予定どおり出国できる人は少なかった。日本の航空会社が乗り入れていない（以前は日本航空が就航していたが、イラン革命が起きたため「政情不安」を理由にテヘラン便はなくなっていた）ため、外国の航空機に頼るしか術はないのだが、どこの国の航空機も自国民を優先するため、出国できた邦人の数はわずかで、なかなか座席の確保は進まなかった。ちなみに、当時イランのテヘランに定期便を飛ばしていたのはイギリス、西ドイツ、スイス、フランス、オーストリア、ソ連そしてトルコの七カ国だけだった。

撃墜予告

そんな中、明くる日の十七日になって、イラクのフセイン大統領は信じられないような行動に出た。イラク政府は、イラク軍は四十八時間後の十九日午後八時三十分（日本時間二十日午前二時）以降、イラン上空を航空禁止区域とし、上空を飛ぶすべての飛行機は無差別に攻撃するという声明を出したのである。イラクは一九八二年以降、イラン最大の石油積み出し港カーグ島周辺を軍事上立ち入り禁止区域としてきたが、今度は上空さえも航空禁止にし、あえて飛ぶ飛行機はたとえイラン以外の民間機であろうと攻撃、撃墜するというのだから、ほとんど狂気の沙汰といってよかった。日本人の中にはやっとの思いでアエロフロートソビエト航空のチケットを入手できてホッとしていた人もいたが、ある人の場合は航空機の出発予定は三月の二十一日だった。すでにイラクの攻撃対象になっているはずの日時だ。いくらイラクと仲のいいソ連の飛行機だといっても飛ばない可能性がきわめて高く、よしんば飛んでくれたところで生命の危険にさらされる。絶望的だった。陸路でトルコやパキスタンに脱出することも検討されたが、これら隣国までは最短でも八〇〇キロある。ましてや砂漠や雪深い山を強行突破しなければならない。一九八〇年に戦争が始まった際、陸路でイランを脱出しようとして山賊に銃撃を浴びた日本人もいた（東亜建設工業の社員が負傷した）ため、これも危険きわまりない。カスピ海経由でソ連に脱出する案もあったが、霧が発生する季節で、船も危険だといわれたのだという。ほとんどすべての退路が断たれた状況になったのだ。

テヘランの日本人達が必死の思いで脱出路を探していたとき、日本政府はいったい何をしていたのか。外務省が救援機の手配を開始したのが三月十八日。といっても「イラン航空が在留邦人一八〇人を乗せる大型機を用意してくれる可能性がある」、「欧州の航空会社数社がイラン便を再開するという情報があるから、それを確認する」といった程度の他人任せのもので、イラン在留邦人の要請に従って日本航空機の派遣も検討していたものの、日本航空は「帰りの安全が確保されないと乗り入れできない。イラン・イラク両国から日航機を攻撃しないという約束をとってもらわないと無理」だという。イランでは野村豊駐イラン大使がすぐにイラン当局と交渉、安全の約束を取り付けたが、問題はイラクのフセイン。案の定、いくら外務省が申し込んでも返事はなしのつぶてだった。

日本航空はとりあえずボーイング７４７ジャンボジェット機を用意したが、例の「二十日午前二時（日本時間）以降は民間機であっても攻撃する」というイラクの通達から、特別救援機を飛ばすにしてもギリギリ十九日午前一時四十五分までに成田を出発しないと間に合わない。テヘラン離陸が攻撃予告の一時間前（現地時間で十九日十九時三十分）としても、救援機はその二時間前の十七時三十分までにはテヘランに到着していなくてはならない。そのためには十九日午前一時四十五分までに成田を出発しなければいけない、という計算だった。

しかし外務省（当時の外務大臣は安倍晋太郎）はぐずぐずしていた。イラクからの返事を待つ一方、十八日夜八時から開かれた現地の日本大使館と在留邦人会との最終協議結果をも待っていた。「在留邦人の救援機派遣要請の意向確認のため」だというのが外務省のいい分だった。この外務省の判断の遅れから、日航機の救援機派遣は事実上困難な情勢になった。日航機は場合によってはテヘランに突っ込む覚悟もしていたというが、それも外務省の状況判断の甘さで機会を失ったのだ。

もはや日本政府はあてにできない。

ここでイランの大使館員達は大使の野村を中心に、テヘランに航空便を乗り入れているすべての国の大使館や航空会社と連絡を取り始めた。すでに脱出できた人を除くと、この時点（三月十八日夜）でテヘランに取り残されていた在留邦人はまだ三三八人もいた。その中には子どもや女性も含まれる。数十人は何とか他の国の航空機に乗せられるとしても、すべての出国希望者を乗せるにはまだ二〇〇席以上の座席が必要だった。大使館員達は必死に掛け合ったが、どこも自国民の脱出で手一杯。逆に「日本はどうして救援機を出さないのか？」と質問される始末だった。他国から見れば、たしかに不思議だったに違いない。

大使の野村は、もう万策尽きたと感じていた。取り得る手段はあとひとつ。それはイラン駐在のトルコ大使であるイスメット・ビルセルを訪ねることだった。ビルセル大使とはイランへの着任が同じ日だったこともあり、普段から仲が良かった。大使館同士も近く、またビルセル大使のアイシェ夫人と野村大使の郁子夫人も親密な仲で、いつも一緒にバザールでの買い物もしていた。両大使は仕事の面でも立場は同じ（日本とトルコはイラン・イラクから中立の立場を取っていた）で、お互いに尊敬の念を抱いており、他国の大使仲間からは〝双子の大使〟と呼ばれていた。野村はそのビルセル大使に一縷の望みを抱いてこう相談した。

「十九日にはトルコも最終救援機を飛ばすと聞いている。日本人のためにもう一機、追加して飛ばすことはできないだろうか。女性や子どももいるのです。なんとかこれらの日本人達を救いたい」

ビルセル自身、どうトルコ国民をイランから脱出させたらいいのか頭を悩ませていたが、野村大使の話を聞くとすぐさま本国に電報を打った。

「日本人を救うために、大至急トルコから救援特別機を飛ばせないか」

自国民の脱出さえ覚束ない時点での要請で、前代未聞というべきであった。

直談判

同じ頃、トルコのイスタンブールにいた伊藤忠商事の森永堯がとんでもない指示を東京本社から受けていた。「トルコのトゥルグット・オザル首相に頼んでトルコ航空に救援機を出してもらえ」というものだった。森永はオザル首相とは十年来の親友であった。トルコにおけるトラクター製造事業を通じて知り合った（森永はオザルから「トルコが日本のような技術立国になるにはどうしたらいいか」と相談されてトラクターの生産を提案、日本の農業機械メーカーから技術協力を取り付けた）。

当時はまだオザルはビジネスマンだったが、その後手腕を買われてトルコの経済担当副大臣に抜擢され、みごと経済を立て直した。そして一九八三年からは首相になっていたのだ。彼は超多忙となったがなおも森永との親交は続き、昼間大臣室で会うのは時間的に不可能になったため、会うのはいつも早朝か夜、オザル首相夫妻がパジャマ姿でくつろいでいるときばかりだった。森永はいつの間にかオザル首相の奥さんから「パジャマ友達」と呼ばれるようになっていた。そのオザル首相に直接救出を頼めという本社からの指示だったのである。

しかしいくら親友とはいえ、相手は一国の首相である。日本人を救出するためにトルコ人を危険にさらしたとなれば、首相としての責任を問われることは目に見えている。実際、多くのトルコ人がイランからの脱出を希望しており、一機だけでは全員を乗せきれない心配もあったほどだった。それよりも何よりも、「なぜ日本は救援機を出さないのか」といわれたらどう答えたらいいのか。トルコはあくまで第三者的な立場に過ぎないのだ。

しかしもうそんな斟酌をしている時間がない。森永は当たって砕けるつもりでオザル首相に電話した。ここからは森永自身が書いた回顧録から引用する（森永堯「トルコ航空によるイラン在留邦人救出事件」日本トルコ協会創立八十周年記念『アナトリアニュース』118号別冊）。

「トゥルグット・ベイ（ベイは〝さん〟の意）！　トルコ航空に指示を出して、テヘランにいる日本人を救出してください」

「テヘランにいる日本人がどうしたと言うのだ？　モリナーガさん」

私は順々《ママ》とテヘランでの日本人の窮状を説明した。そして続けた。

「トルコ航空を在留邦人救出のために派遣して下さい！　トゥルグット・ベイ！　これは、イランにいる日本人が困っている話なので、イランと日本の間の問題であり、本来トルコには何の関係もない話です。イランの航空機あるいは日本の航空機が救援すべきなのです。しかしイランの航空機は戦争中なので便数に余裕がありません。また、イラン機ではイラク機に撃墜される恐れがあります。日本の航空機は、救援機を出しても遠すぎて、サダム・フセインの出した警告期限に間に合いません。今、日本にとって頼れる国はトルコしかないのです」

なおも私は訴え続けた。

「イランには大勢のトルコ人ビジネスマンがいるのを承知しています。トゥルグット・ベイ、あなたはトルコの首相なのでまずはトルコ人を優先して救出したいと考えておられるのは当然です。しかし、日本人をトルコ人同様に扱って欲しいのです。トルコ人を救出する飛行機の他に、さらに日本人を救出する飛行機を出して頂きたいのです。しかも即断即決を要します。事情が事情ですから、私にとってこんなことをお願いできるトルコ人は、トゥルグット・ベイ、あなたの他にいません。トゥルグット・ベイ、助けて下さい！」

オザル首相は私の話を黙って聞いていた。いつもならすぐに返事をするのに、その時は私の話を聞き終わっても珍しく何も言わずに沈黙を続けていた。勿論、電話はつながっている。私は固唾を呑んで彼の言葉を待っていた。「ＹＥＳ」とも「ＮＯ」とも言わない。私にはこの沈黙がものすごく長い時間に感じられた。その間、「断わられたらどうしよう」とか色んなことが頭をよぎる。でも彼は電話の向こうで沈黙を続けたままである。やがてオザル首相は口を開いた。

「わかった。心配するな。モリナーガさん。後で連絡する」


そして数時間後、オザル首相から森永に電話が入った。

「すべてアレンジした。心配するな、親友モリナーガさん」とオザル首相はいった。

すでにこのときまでには野村豊駐イラン大使からの要請もビルセル駐イラン大使を通じてオザル首相に届いていた。そのこともオザル首相が救援機を出す決心をした大きな理由のひとつだった（ビルセル大使から野村大使に連絡があったのはフセインの撃墜予告の二十五時間三十分前。「明日、トルコ航空が日本人のために特別機を飛ばすぞ」という電話だった。野村大使は「オザル首相の決断に胸を打たれた」と回想している）。

そしてもうひとつ、背後にあったのがエルトゥールル号事件だった。オザル首相は「我々はあなた方日本人に恩返しをしなければいけません」とも森永に語っていたのだ。

最終便

オザル首相（のち一九八九年十一月に大統領になり、一九九三年四月に急逝）の命を受け、トルコ国内ではすぐさま日本人救出のための派遣機の整備が行われていた。トルコ航空で特別便に乗るパイロットを募ったところパイロット全員が手を挙げたという。すでに決まっていた十九日の最終定期便に加え、もう一機を臨時に飛ばして日本人を救うというのがトルコ航空の計画だった。

日本人救出のための特別機の機長はオルハン・スヨルジュ、副機長はアリ・オズデミル、航空機関士はコライ・ギョクベルクに決まった。いずれもベテランである。

二十一年後の二〇〇六年一月十二日、トルコを訪れた小泉純一郎首相（当時）はアリ・オズデミル元副機長と面会している。小泉は「砲弾が飛び交うなか、救出していただいたことに、日本人はみんな感動した」と語り、感謝の記念品として日本製置き時計をアリ元副機長に手渡した。アリ元副機長は「日本人救出は私に与えられた任務でした」と語っている。外務省及び小泉首相はオルハン・スヨルジュ機長とアリ・オズデミル副機長とを混同してこうなった（結局両者とも叙勲＝旭日小綬章＝された）のだが、しかしこれはのちの話である。

さて、イラク軍が設定した安全運航の最終日の三月十九日、テヘランのメヘラバード国際空港は各航空会社の〝最終便〟に乗ろうと外国人一〇〇〇人以上が詰めかけ、空港ビルはごった返した。ソ連のアエロフロート機二機は自国民、東欧諸国の人たちを優先したため、せっかくアエロフロートのチケットを手に入れながら搭乗を断わられる日本人も大勢いた。中にはすぐ前の人の搭乗手続きが終わった時点で「これでもう満席です」と断わられた人もいた。そうなるとトルコ航空の定期便と臨時便（ともにイスタンブール行き）、エールフランス（パリ行き）の特別機、ルフトハンザ航空（フランクフルト行き）の特別機、オーストリア航空の定期便と臨時便（ともにウィーン行き）の計六便が脱出の最後のチャンスとなる。先に離陸したのはオーストリア航空の二機だった。続いてエールフランス機、ルフトハンザ機が相次いで飛び立った。チケットを持っていた日本の大手商社や銀行に勤める人達とその家族およそ五〇人ほど（エールフランス機に三七人、ルフトハンザ機に六人、オーストリア機にも数人）がこれらの飛行機で出国して行った。あとの日本人はトルコの救援機を待っていた。しかし本当に来てくれるのか。メヘラバード国際空港で待つ野村豊大使も気が気ではなかった。なにしろ時間がない。タイムリミットが近づいていた。予告の撃墜時間まで、もはや十数時間しか残っていない。

このとき、実はトルコ救援機の出発が遅れていた。イランからの運航許可が出ないのだ。それを聞いた野村豊大使は夢中でイラン外務省まで走った。すぐに運航許可を出してもらうためである。〝双子の大使〟のビルセルも外務大臣と連絡を取ってくれ最終的には大統領にまで話を通して一時間半後、ようやくイラン政府の運航許可がおりた。連絡を待っていたトルコ航空の定期便、臨時便の二機はすぐさま離陸した。なるべくイラクに近づかないように、飛行ルートは北に大きく迂回し、カスピ海を南下してテヘランに向かう予定だった。時間がかかるが、危険は冒せない。しかしここでも時間のロスを覚悟せざるを得ない事態が起きた。イラン領空に入ったとき、イランの管制官から「ジグザグ飛行」を指示してきたのだ。イラクの戦闘機かどうかを確かめるためだった。この指示に従わないわけにはいかなかった。

メヘラバード国際空港では大勢の日本人がジリジリした気持ちでなかなか来ないトルコの救援機を待っていた。野村以下、大使館員達も空港に駆け付けてトルコ機を待っていた。大使館員達は全員イランに残ることを決め、無事に日本人を脱出させるためにみんな徹夜で仕事をしていた。うち大使館員二人はトルコ航空機に乗れることを知らせるためにテヘラン市内中を駆け回り、日本人を探し出してはそのことを告げて回っていた。日本人達はみんな危険な自宅にはいず、知人宅やホテルに身を寄せていたため、連絡を取るのは大変な作業だった。大使館員の中には死を覚悟し、実家の両親に遺書を書き残した人もいた。

その大使館員や日本人達が千秋の思いで待ちわびたトルコ機の一番機がテヘランのメヘラバード国際空港に着いたのは十九日午後三時だった。すぐさま給油作業が始まった。燃料補給が終わったのは午後四時三十分。残り時間はあとわずか四時間だ。まず一番機（日本人の乗客は一九八名）が五時十分に飛び立った。しかしこの時点で二番機はまだメヘラバード国際空港に着陸していなかった。この期に及んで二機目の着陸許可がおりず、やむなく上空を旋回していたのだ。旋回し続ける二機目のトルコ航空機を見て、野村大使は再びイラン外務省に駆け込んだ。「すぐに二番機に着陸許可を出してくれるように当局に掛け合いました」と野村は当時を振り返る。ようやく着陸、給油を終えて離陸できたのは一番機が飛び立ってから二時間二十分後の七時三十分。撃墜予告まであと一時間しかない。テイクオフ（離陸）の瞬間、二番機に乗っていた一七人の日本人乗客（あとの乗客はトルコ人）の間からは期せずして拍手がわき起こり、「ばんざーい」という声も聞かれた。

二機の救援機はこうしてイスタンブールを目指したが、しかしまだ安心できない。緊張感に包まれたまま飛行が続く。そして撃墜予告のタイムリミットまであと二時間を切ったとき、一番機が国境（イランとトルコの国境に位置しているアララット山＝標高五一六五メートル＝を越えるとトルコ領になる）を越えてトルコに入った。国境を越えたとき、機内には機長の平静な声のこんなアナウンスが流れた。

「今国境を越えました。ウエルカム・トゥ・ターキー（トルコへようこそ）」

イスタンブール空港に着陸したのは午後七時十分だった。さらに二番機が到着したのはなんと八時五十分。すでに撃墜予告の八時三十分を回っていた。まさにギリギリのフライトだった。

命がけの脱出行はこうして成功した。二一五名の日本人達は全員無事に脱出できたのである。

救出の理由

このときの様子を日本の新聞は大きく報道した。しかし、マスコミや外務省には、野村大使や森永らの必死の折衝があったとはいえ、なぜトルコ機が来てくれたのか、その理由がわからなかった。三月二十日付の『朝日新聞』などは、日本・トルコ両国ともイラン・イラクと等距離外交をとっていること、及び日本がこのところトルコへの経済援助を強化していることなどを挙げて説明する有り様で、これが九十五年前、エルトゥールル号の受けた恩に対するトルコ側の返礼であったことに思いを致した人はいなかった。

当時のヌルベル・ヌレッシ駐日トルコ大使は『朝日新聞』に対してこんな文章を投書している(四月一日付『朝日新聞』投書欄)。

日本の方々がテヘランからイスタンブールへ、トルコ航空によって無事脱出されたことを、我々と在日トルコ人一同は心から喜んでおります。その一方で、純粋に人道的な見地から発したトルコ航空の今回の措置を、日本とトルコの経済協力関係、つまり日本からトルコへの経済協力に結びつける見方があり、それが貴紙によって報道されたことに深い悲しみを覚えています。トルコ側の行動に対してこのような評価を下す姿勢は、日本人、トルコ人双方にとって重要な社会的価値を低めるばかりでなく、それを軽視するものであります。トルコ航空が今回の措置をとった理由はただひとつ、日本国民が生命への脅威を感じ、そして危険にさらされ、助けを求めていた事態を知ったからであります。トルコ政府は救出の手段を持っていました。そして、迅速な決定と行動に出たのであります。トルコは難儀している人々に手を差しのべたのです。仮に貴国民が似たような事態に直面したならば、同じような行動をとられたことは疑いのないところです。この点を肝に銘じておいていただきたいのです。

大使はあえて言及していないが、エルトゥールル号のことが意識の根底にあるのは間違いない。この点については十年後の一九九五（平成七）年一月九日、ネジャッティ・ウトカン駐日トルコ大使（当時）が『産経新聞』でこう語っている。

勤勉な国民、原爆被爆国。若いころ、私はこんなイメージを日本に対して持っていた。中でも一番先に思い浮かべるのは軍艦エルトゥールル号だ。一八八七年に皇族がオスマン帝国（現トルコ）を訪問したのを受け一八九〇年六月、エルトゥールル号は初のトルコ使節団を乗せ、横浜港に入港した。三ヵ月後、両国の友好を深めたあと、エルトゥールル号は日本を離れたが、台風に遭い和歌山県の串本沖で沈没してしまった。悲劇ではあったが、この事故は日本との民間レベルの友好関係の始まりでもあった。この時、乗組員中六百人近くが死亡した。しかし、約七十人は地元民に救出された。手厚い看護を受け、その後、日本の船で無事トルコに帰国している。当時、日本国内では犠牲者と遺族への義援金も集められ、遭難現場付近の岬と地中海に面するトルコ南岸の双方に慰霊碑が建てられた。エルトゥールル号遭難はトルコの教科書にも掲載され、私も幼いころに学校で学んだ。子供でさえ知らない者はいないほど歴史上重要な出来事だ。

だからこそトルコは救援機を出したのである。

その一方、救援機に乗れなかったトルコ人たち約五〇〇人は、陸路自動車でイランを脱出した。テヘランからイスタンブールまではフルスピードで走っても三日以上かかるのに、トルコ政府は自国民より日本人を優先してくれたのだ。そしてそのことに対するオザル首相への非難・批判は一切なかった。ネジャッティ・ウトカン駐日トルコ大使がいっていたように、トルコでは教科書にもエルトゥールル号事件が紹介されており、ほとんど全国民が知っていた。そのためマスコミも含め、誰一人この措置を問題にしなかったのである。

トルコ大地震

実はイラン・イラク戦争で日本人がトルコ航空に助けられたのは二度目だった。イラン・イラク戦争が本格化した一九八〇年十月、イランにいた在留邦人は空爆を恐れ国外に脱出を図った。飛行場は爆撃にさらされる恐れがあり、また飛行機もイラク軍による攻撃が心配されたため、やむなく陸路で脱出したのだが、このとき伊藤忠グループ一行二五人は十月八日午後三時（現地時間）にバスでテヘランを出発、九日午前九時（同）ようやくトルコに脱出した。昼間は爆撃されるので夜間、しばらく点灯してはすぐライトを消して走るという危険な脱出劇だった。しかし国境の町エルズルムに到着したものの、エルズルム空港からアンカラまでの飛行機はすでに脱出者で満員になっており、さらに二日間もバスに乗らなければアンカラまで行けない。そのときトルコ航空は二五人全員に搭乗許可を出してくれた。

「後で聞くと、脱出者ですでに満席であったが、トルコ航空はトルコ人を乗せず日本人に席を回してくれたことが分かった」（「トルコ航空によるイラン在留邦人救出事件」）

こうしたトルコ航空機による邦人のテヘラン脱出劇にはまだ後日談がある。それは一九九九年八月十七日に起きたトルコ北西部の大地震の際のことだ。この地震の震源地はイスタンブールの東に位置するコリャエリ県のイズミット市周辺で、深さ一七キロメートル、マグニチュードは七・四という巨大なもの。最初は約二〇〇人の死者、約二〇〇〇戸の家屋倒壊の報道だったが、時間が経つにつれて被害はふくれあがった。最終的には死者一万七二六二人、負傷者四万三九五三人（一九九九年十一月十六日現在）、全壊住宅六万六四四二戸という想像を絶する被害が出た。死者は阪神淡路大震災のおよそ三倍である。余震はいつまでも続き、十一月十二日にはボル県のデュズジェ市でもマグニチュード七・二の大地震が起きている。トルコが経験した二十世紀最大の天災だった。

このとき、真っ先に義捐金募集に立ち上がったのがトルコ航空機で救出された商社マンや銀行マンたちだった。たとえば東京三菱銀行（当時）では四万三〇〇〇ドル（約五〇〇万円）を集めて首都アンカラに届けた。トルコからの救援機で同僚とその家族三四人を助けてもらった伊藤忠商事の森永堯も世界中の同社社員に義捐金を呼びかけた。またこのときばかりは日本政府の対応も早かった。地震当日イランにいた高村正彦外務大臣は翌日にはすぐトルコに入り、トルコの首脳にお見舞いの言葉を述べている。そして緊急物資・無償援助一〇〇万ドルを各国に先駆けて提供することを告げた。さらに国際緊急援助隊の派遣も迅速で、ことにレスキューチームは地震発生の当日には日本を出発、翌日にはトルコ入りしている。緊急援助隊の医療チームも十八日に日本を出発、翌日にはイスタンブールに着いた。いつも他国に遅れを取る日本だけに、俄には信じ難いような素早さだ。またどの建物が倒壊の危険があるのかをチェックする耐震診断専門家チーム、阪神淡路大震災の経験を持つライフライン専門家チームなども次々に派遣され、トルコの人々を感激させた。

善意と善意の連鎖——こうした日本とトルコの利害を超えた密接な関係の発端となったのが、エルトゥールル号事件だったのである。

あとがき

ある仕事でトルコ人留学生と話していたときである。日本にいる間に行きたい場所はあるかと問うと、「串本に必ず行きたい」との答えが返ってきた。留学生はたいてい京都や奈良など日本を代表する観光地を答えるものだが、彼は違っていた。「串本には海難事件で死んだトルコ人の墓がある。そこに参りたい」と言うのである。

彼の先祖がその事件に巻き込まれたというわけではない。また、串本は彼の住む東京から決して近いとは言えない、つまり留学生にとって交通費がかなり負担となるところである。それでも、日本にいる限りはそこへ行きたいと思わせるほどの場所なのである。調べてみると、駐日トルコ大使や大使館付き武官らトルコ政府関係者は今でも串本をたびたび訪れている。

明治期にトルコ軍艦の海難事件があったことは知っていたが、百年以上経た今もトルコの人達の心に残っている出来事であるとは思わなかった。

これがエルトゥールル号事件の詳細を調べるきっかけである。

異国の地で軍艦が沈没した――ただそれだけだったら、単なる歴史的事実として記されるだけだったかもしれない。トルコの人達の心に長く残ることもなかったかもしれない。

しかし、エルトゥールル号事件はそうではなかった。救護に奔走した紀伊大島の人達とトルコ人の生存者との心のつながりを生み、また、異国の海に果てた乗組員を悼み、墓地を造り、慰霊碑まで建てた日本人の行為があり、さらに、義捐金を集め、それをトルコまで届け、現地に留まり日本語を教えた男達もいて、それらを通してその後の日本とトルコの人達との交流が生まれたからだったのではないだろうか。

侵略や非道な行為を受けた側には、その痛み、恨みはいつまでも残る。そしてそのような行為によっては国と国との真の友好は生まれないのは言うまでもない。一方、相手を思う無私無欲の行為もそれを受けた人の心にいつまでも残り、そこから真の友好が生まれる。エルトゥールル号事件はそのことをわれわれに教えてくれているのではないだろうか。

経済優先で走ってきた日本は、その過程で自らの利益だけを考え、打算だけで行動する日本人をつくってきた。経済的成功を得るために形作られた競争社会は、人を蹴落とし、傷つけても痛みを感じない人間をつくってきた。私欲を追求する政治家、濡れ手で粟をもくろむ一部実業家、教育現場にはびこるいじめなどはその典型だ。日本人は変質してしまったのだろうか。

昔の日本人の多くはそうではなかったということをエルトゥールル号事件を通して確認しておきたい。

エルトゥールル号の引き上げ調査がこれから行われる予定である。それによって新たな発見があり、エルトゥールル号事件が注目され、それによって日本とトルコの人々が互いのつながりを改めて認識し、両国の人々の絆がさらに強まることを期待したい。

本書の執筆に際しては、序章、第二章、第五章、第六章、終章を山田が、第一章、第三章、第四章を坂本が担当し、互いの原稿を読み、内容の確認、文章の統一等を行った。また、取材等も二人で行い、その意味で、本書は二人の共同作業の所産と言ってよい。

本書の取材にあたって、さまざまな人にお世話になった。特に、和歌山県東牟婁郡串本町役場総務課の濵口自生氏、西野真氏、トルコ記念館の大石清館長、和歌山県立串本高等学校前校長の西野政和氏、和歌山県立古座高等学校副校長の稲生淳氏、トルコ共和国大使館の大森正光氏にご助力をいただいた。改めて謝意を表したい。

最後に、熱意を持ってこの本の制作に取り組み、貴重な助言もしてくださった現代書館社長・菊地泰博さんや編集部のみなさんに心から謝意を表したい。

山田邦紀
坂本俊夫

二〇〇七年九月

参考文献

ウムット・アルク（村松増美・松谷浩尚訳）『トルコと日本　特別なパートナーシップの100年』サイマル出版会
大島直政『遠くて近い国トルコ』中央公論社
大島直政『ケマル・パシャ伝』新潮社
三橋富治男『トルコの歴史』紀伊国屋書店
遠山敦子『トルコ　世紀のはざまで』日本放送出版協会
アラン・パーマー（白須英子訳）『オスマン帝国衰亡史』中央公論社
小松香織「オスマン海軍の一九世紀～近代化をめぐって～」『イスラーム世界とアフリカ』（岩波講座世界歴史21）岩波書店
小松香織『オスマン帝国の海運と海軍』山川出版社
小松香織『オスマン帝国の近代と海軍』山川出版社
山内昌之『近代イスラームの挑戦』（世界の歴史20）中央公論社
松谷浩尚『イスタンブールを愛した人々』中央公論社
山椎亭主人『新月　山田寅次郎』岩崎輝彦（私家版）
長場紘「山田寅次郎の軌跡 - 日本・トルコ関係史の一側面」『上智アジア学』第14号
長場紘『近代トルコ見聞録』慶応義塾大学出版会
小村不二男『日本イスラーム史』日本イスラーム友好連盟
『日土協會會報「日土修交五十周年記念特輯」』（第23号）日土協會
『日土親善永久の記念―土耳其國軍艦　エルトグルル號』駐日土耳其國大使館
『土耳其軍艦エルトグロール遭難追悼記』日土貿易協會
内藤智秀『日土交渉史』泉書院
内藤智秀「オスマン・パシャの横濱へ上陸する迄」『史学』第1巻第4号
波多野勝「エルトゥールル号事件をめぐる日土関係」『近代日本とトルコ世界』（池井優・坂本勉編）勁草書房
中浜東一郎「土耳格軍艦の虎列拉」『衛生新誌』第27号　衛生新誌社
中浜東一郎『中浜東一郎日記』冨山房
浜健吾『紀伊大嶋』浜口出版社
中央防災会議　災害教訓の継承に関する専門調査会『1890　エルトゥールル号事件報告書』内閣府
和歌山県立串本高等学校歴史部刊・森修編著『トルコ軍艦エルトゥールル号の遭難』日本トルコ協会
『樫野小学校創立百周年記念誌「かしの」』創立百周年記念実行委員会
『土耳其軍艦アルトグラー號難事取扱ニ係ル日記』（『1890　エルトゥールル号事件報告書』と『トルコ軍艦エルトゥールル号の遭難』に収録されたものを参照）
『樫野崎燈臺日誌』（『日土協會會報「日土修交五十周年記念特輯」』に収録されたものを参照）
『明治廿三年九月十七日土耳其軍艦難破ニ係ル各所往復書類』古座古文書研究会
早田貞藏「土艦アルトグラール號の最後」『海』帝國水難救済會内『海』

発行所
三沢伸生「1890－92年におけるオスマン朝に対する日本の義捐金処理活動：日本にとっての『エルトゥールル号事件』の終結」『東洋大学社会学部紀要』41－1
三沢伸生「1890～93年における『時事新報』に掲載されたオスマン朝関連記事：日本初のイスラーム世界への派遣・駐在新聞記者たる野田正太郎の業績」『東洋大学社会学部紀要』41－2
『軍艦比叡土耳古國航海報告』水路部
大山鷹之介『土耳其航海記事』私家版
『串本のあゆみ』（明治編）串本町公民館
串本町史編さん委員会『串本町史』串本町
和歌山県警察史編さん委員会『和歌山県警察史』和歌山県警察本部
『和歌山県災害史』和歌山県
和歌山県史編さん委員会『和歌山県史』和歌山県
『東牟婁郡誌』和歌山縣東牟婁郡役所
横田健一・上井久義編著『紀伊半島の文化史的研究　民俗編』関西大学出版部
宮内省編『明治天皇紀』吉川弘文館
海上保安庁燈台部『日本燈台史』燈光会
『燈台史資料』燈光会
『明治期灯台の保全』日本航路標識協会
海上保安庁燈台部・西脇久夫『燈台風土記』海文堂出版
本多友常・島田聖・安中正憲「紀伊大島樫野埼灯台官舎調査報告」『紀州経済史文化史研究所紀要第23号』和歌山大学紀州経済史文化史研究所
千田稔『明治・大正・昭和　華族事件録』新潮社
生方敏郎『明治大正見聞史』中央公論社
森永堯「トルコ航空によるイラン在留邦人救出事件」日本・トルコ協会創立80周年記念『アナトリアニュース』118号　別冊
NHKプロジェクトX制作班「撃墜予告　テヘラン最終フライトに急げ」『プロジェクトX　挑戦者たち22・希望の絆をつなげ』日本放送出版協会
『神戸又新日報』
『時事新報』
『東京日日新聞』
『東京朝日新聞』
『大阪朝日新聞』
『日本』
『国民新聞』
『朝野新聞』

写真協力
串本町役場
トルコ記念館

山田 邦紀（やまだ くにき）
一九四五年福井県敦賀市生まれ。早稲田大学文学部仏文科卒業。夕刊紙『日刊ゲンダイ』創刊に参画、以来三十年間同紙編集部記者として活動。現在はフリーライター。編著書に『明治時代の人生相談』（日本文芸社）がある。

坂本俊夫（さかもと としお）
一九五四年栃木県宇都宮市生まれ。早稲田大学大学院文学研究科修士課程修了。フリーライターとして夕刊紙、月刊誌などに執筆。主な著書に『理工系学生への手紙』（二期出版）などがある。

東の太陽、西の新月
――日本・トルコ友好秘話「エルトゥールル号」事件――

二〇〇七年九月十六日　第一版第一刷発行

著　者　山田邦紀・坂本俊夫
発行者　菊地泰博
発行所　株式会社現代書館
東京都千代田区飯田橋三―二―五
郵便番号　102-0072
電　話　03（3221）1321
FAX　03（3262）5906
振　替　00120-3-83725
組　版　コムツー
印刷所　平河工業社（本文）
東光印刷所（カバー）
製本所　矢嶋製本
装　丁　中山銀士

校正協力／岩田純子
 ISBN978-4-7684-6958-3
定価はカバーに表示してあります。乱丁・落丁本はおとりかえいたします。
http://www.gendaishokan.co.jp/

テキストデータ
請求券
東の太陽、西の新月